科学启蒙

物质科学 2

[美] L.H.丹尼尔 等著
万 学 姜允珍 等译

图片说明

加拿大猞猁生活在森林里。它们善于爬树，也是大河与溪流里的游泳好手。猞猁生有宽大的脚掌，就像溜冰鞋。它可以帮助猞猁在雪地里奔跑。

探究 你还想知道有关加拿大猞猁的什么信息？把你想了解或想解决的问题写下来。

浙江教育出版社

《科学启蒙》丛书编委会

Program Authors

Dr. Lucy H. Daniel
Teacher, Consultant
Rutherford County Schools, North Carolina

Dr. Jay Hackett
Professor Emeritus of Earth Sciences
University of Northern Colorado

Dr. Richard H. Moyer
Professor of Science Education
University of Michigan-Dearborn

Dr. JoAnne Vasquez
Elementary Science Education Consultant
Mesa Public Schools, Arizona
NSTA Past President

Contributing Authors

Lucille Villegas Barrera, M.Ed.
Elementary Science Supervisor
Houston Independent School District
Houston, Texas

Mulugheta Teferi, M.A.
St. Louis Public Schools
St. Louis, Missouri

Dinah Zike, M.Ed.
Dinah Might Adventures LP
San Antonio, Texas

The features in this textbook entitled "Amazing Stories," as well as the unit openers, were developed in collaboration with the National Geographic Society's School Publishing Division.

RFB&D learning through listening

Students with print disabilities may be eligible to obtain an accessible, audio version of the pupil edition of this textbook. Please call Recording for the Blind & Dyslexic at 1-800-221-4792 for complete information.

The McGraw-Hill Companies

Macmillan McGraw-Hill

Published by Macmillan/McGraw-Hill, of McGraw-Hill Education, a division of The McGraw-Hill Companies, Inc., Two Penn Plaza, New York, New York 10121.

Printed in the United States of America

ISBN 0-02-281212-1/2
6 7 8 9 027/043 07 06

Teacher Reviewers

Michelle Dunning
Birmingham, Alabama
Donna Bullock
Chandler, Arizona
Debra Allen
Davie, Florida
Lora Meade
Plantation, Florida
Roxanne Laird
Miami, Florida
Karen Gaudy
Satellite Beach, Florida
Stephanie Sirianni
Margate, Florida
Heidi Stephens
South Daytona, Florida
Rosanne Phillips
Miami, Florida
Brenda Crow
Miami, Florida
Kari Pingel
Pella, Iowa
Christie Jones
Springfield, Illinois
Diane Songer
Wabash, Indiana
Lee Arwood
Wabash, Indiana
Margarite Hart
Indianapolis, Indiana
Charlotte Bennett
Newburgh, Indiana
Donna Halverson
Evansville, Indiana
Stephanie Tanke
Crown Point, Indiana
Mindey LeMoine
Marquette, Michigan
Billie Bell
Grand View, Missouri
Charlotte Sharp
Greenville, North Carolina
Pat Shane
Chapel Hill, North Carolina
Karen Daniel
Chapel Hill, North Carolina
Linda Dow
Concord, North Carolina

生命科学	地球科学	物质科学

Consultants

Dr. Carol Baskin
University of Kentucky
Lexington, KY

Dr. Joe W. Crim
University of Georgia
Athens, GA

Dr. Marie DiBerardino
Allegheny University of
Health Sciences
Philadelphia, PA

Dr. R. E. Duhrkopf
Baylor University
Waco, TX

Dr. Dennis L. Nelson
Montana State University
Bozeman, MT

Dr. Fred Sack
Ohio State University
Columbus, OH

Dr. Martin VanDyke
Denver, CO

Dr. E. Peter Volpe
Mercer University
Macon, GA

Consultants

Dr. Clarke Alexander
Skidaway Institute of
Oceanography
Savannah, GA

Dr. Suellen Cabe
Pembroke State University
Pembroke, NC

Dr. Thomas A. Davies
Texas A & M University
College Station, TX

Dr. Ed Geary
Geological Society of America
Boulder, CO

Dr. David C. Kopaska-Merkel
Geological Survey of Alabama
Tuscaloosa, AL

Consultants

Dr. Bonnie Buratti
Jet Propulsion Lab
Pasadena, CA

Dr. Shawn Carlson
Society of Amateur Scientists
San Diego, CA

Dr. Karen Kwitter
Williams College
Williamstown, MA

Dr. Steven Souza
Williamstown, MA

Dr. Joseph P. Straley
University of Kentucky
Lexington, KY

Dr. Thomas Troland
University of Kentucky
Lexington, KY

Dr. Josephine Davis Wallace
University of North Carolina
Charlotte, NC

Consultant for Primary Grades

Donna Harrell Lubcker
East Texas Baptist University
Marshall, TX

Teacher Reviewers (continued)

Beth Lewis
Wilmington,North Carolina

Cindy Hatchell
Wilmington, North Carolina

Cindy Kahler
Carrborro, North Carolina

Diane Leusky
Chapel Hill, North Carolina

Heather Sutton
Wilmington, North Carolina

Crystal Stephens
Valdese, North Carolina

Meg Millard
Chapel Hill, North Carolina

Patricia Underwood
Randleman, North Carolina

E. Joy Mermin
Chapel Hill, North Carolina

Yolanda Evans
Wilmington, North Carolina

Tim Gilbride
Pennsauken, New Jersey

Helene Reifowitz
Nesconsit, New York

Tina Craig
Tulsa, Oklahoma

Deborah Harwell
Lawton, Oklahoma

Kathleen Conn
West Chester, Pennsylvania

Heath Renninger Zerbe
Tremont, Pennsylvania

Patricia Armillei
Holland, Pennsylvania

Sue Workman
Cedar City, Utah

Peg Jensen
Hartford, Wisconsin

做一名科学家！

物质和能量 E1

单元

F

物质科学

观察运动 F1

探索活动

供你参考

技能手册

科学
安全指南
教室内

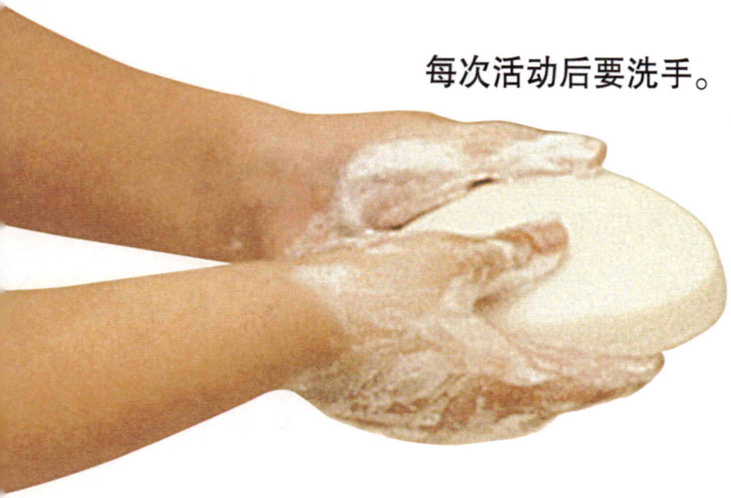

每次活动后要洗手。

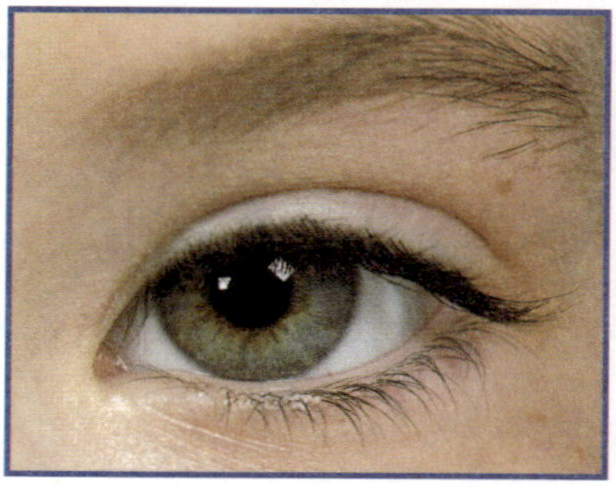

活动开始前将所有步骤反复读几遍。

小心玻璃和尖锐的物品。

当你看到 小心！ 字样时，一定要非常小心。

穿上罩衫或旧衣服。

按老师的
指令操作。

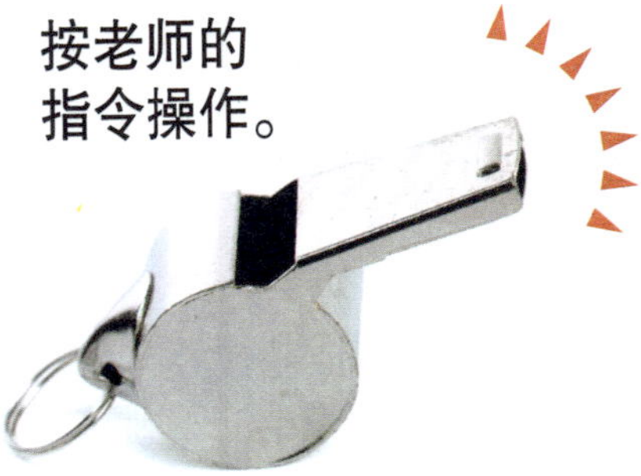

千万不要尝或
闻任何东西，
除非老师让你
这么做。

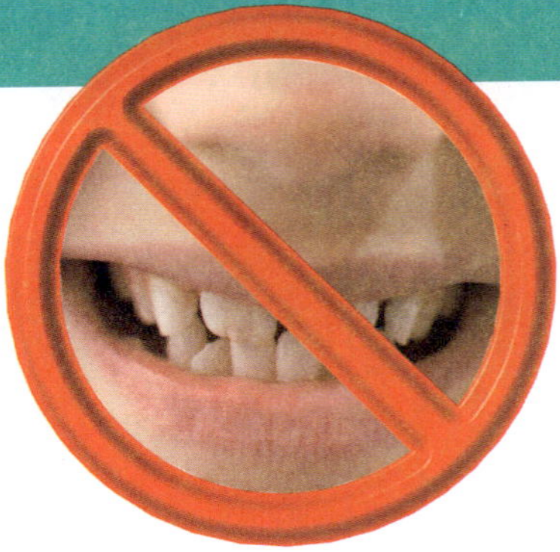

如果发生泼洒等意外事故，
立即报告老师。

保持实验场所整洁。
实验完成后要清理干净。

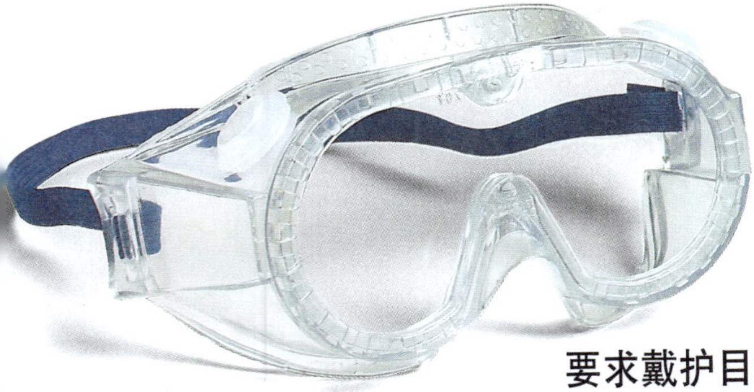

要求戴护目镜时，
请一定戴上。

科学

安全指南

户外

不要触摸植物或动物，除非老师让你这么做。

如果发生泼洒等意外事故，立即报告老师。

按老师的指令操作。

和你的小组成员待在一起。

千万不要尝或闻任何物品，除非老师让你这么做。

不要将垃圾扔在地上。

将生物放回你发现它们的地方。

做一名科学家！

这是什么？

花！

你对你看到的事物感到惊奇吗?
你是如何观察你周围的世界的?

科学家使用各种技能回答有关这个世界的各种问题。下面是他们经常使用的一些技能。

- 观察
- 推理
- 预测
- 交流
- 测量
- 排序
- 比较
- 分类
- 调查
- 建立模型
- 得出结论

科学家需要**观察**。
你能发现隐藏在叶子上的东西吗？

推 理

科学家需要**推理**。

这张照片是在哪个季节拍摄的？

预测和交流

科学家需要**预测**。

想一想，当天气变冷时，会发生什么现象？

科学家需要**交流**。

与别人分享你的答案。

罂粟花

三色堇花

雏菊花

科学家需要**测量**。

哪朵花最小？

哪朵花最大？

葵花

科学家需要排序。
按照从小到大的顺序，
对这些花进行排序。

比 较

科学家需要**比较**。

这些花有哪些相同点？

有哪些不同点？

分 类

科学家需要**分类**。
将相似的花归入一组。

调 查

科学家需要**调查**。
花的生长需要些什么？
你是怎样知道的？

E1 UPSELL PRO RECUR-zztexts-grandview-heights-43212

tle	Code	Q.
entific enlightenment material science o(Chinese Edition) [Paperback] [2000] EI GUO) DAN NI ER (L.H.Daniel) DENG	7533883837	1
mments		

建立模型和得出结论

科学家需要**建立模型**。

模型是如何帮助你了解植物的？

科学家需要**得出结论**。

植物大多有哪些器官？

科学家使用各种技能了解这个世界。右面是他们经常使用的一些技能。

- 阅读
- 使用图片
- 写作
- 收集信息
- 使用工具

科学家需要**阅读**和**使用图片**。

植物能吃昆虫吗？

你是如何知道的？

科学家需要写作。观察图片，描写你看到的情景。

科学家需要收集信息。
利用网络或书籍查阅有关沙漠植物的资料。

谁是科学家？

你！

科学家需要**使用工具**。

拿起恰当的工具找出答案。

剪刀

镜子

放大镜

温度计

直尺

单元 E 物质和能量

瞧！

你见过这种气球吗？为什么气球会在天空中移动？仔细想一想。

物质和能量

第1章 物质

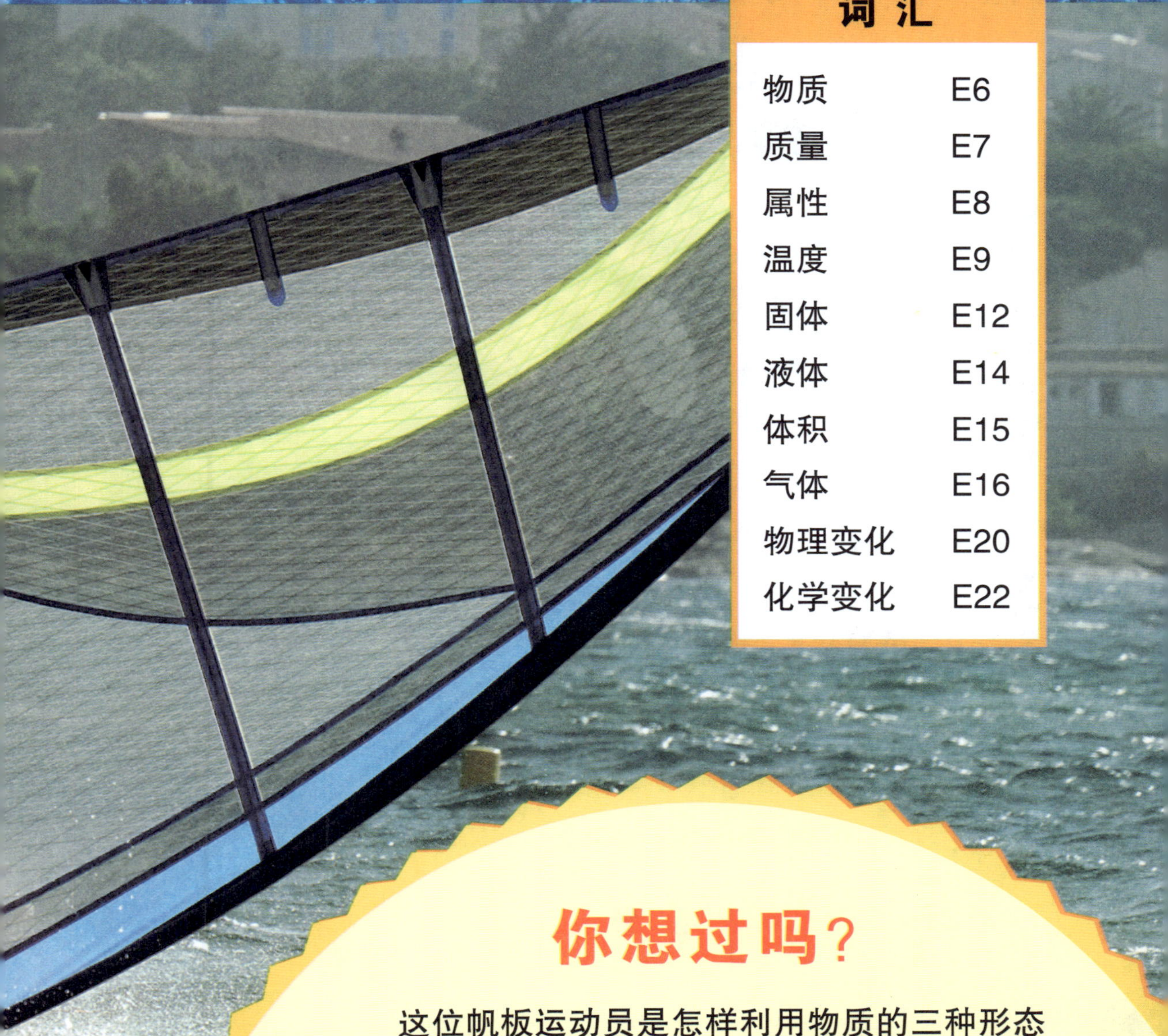

词 汇

你想过吗？

这位帆板运动员是怎样利用物质的三种形态的？运动员脚踩的帆板是固体，帆板漂浮在水的表面。空气是气体，它推着风帆使帆板运动员向前移动。

探究技能 **交流**（**communicate**）一下，在学校和家里，我们是如何利用各种物质的？

LESSON 第1课

无处不在的物质

准备

你参加过聚会吗？假设你正在这张图片所示的聚会上，想一想，你能看到什么，听到什么，闻到什么以及摸到什么呢？

探究技能

当你运用你的感官了解某些现象时，你就是在**观察(observe)**。

探索活动

你如何判断容器里面有什么?

材料

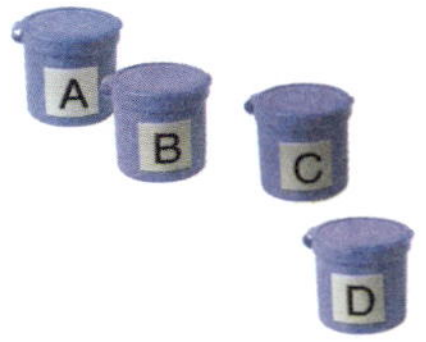

4个容器

活动步骤

1. 在不打开各个容器的情况下，**观察**一下它们。

2. 预测一下每个容器里面有什么。制作一张图表，将你的预测结果写在表格里。

3. 将每个容器打开看一看，你的预测正确吗?

4. 进一步探究 你是如何判断容器里面有什么的?

所有的物体都有什么共同点？

所有的物体都是由物质(**matter**)构成的。物质是占据一定空间的任何东西。观察一下这个房间中的物品，它们都是由物质构成的。你也是由物质构成的。

这几个气球中的空气是物质。

这几只毛绒动物玩具是物质。

所有的物质都具有**质量**(**mass**)。质量是指一个物体中含有的物质的多少。一张床的质量很大，一条小金鱼的质量很小。

在这个房间中，所有的物体都有什么共同点?

你该如何描述物质?

你可以用你的感官来描述物质，也可以利用物质的属性来描述物质。**属性(property)**揭示了一个物体的相关信息。物质的属性包括形状、大小、颜色和气味。物质在水中是沉是浮，这也是一种属性。

橙色，有光泽

大，柔软

热的

温度(temperature)表示物体的冷热程度。温度是物质的一种属性。

粗糙程度揭示了物体摸上去的感觉。粗糙程度是物质的另一种属性。

毛茸茸的

光滑的

这只毛绒熊玩具还有哪些属性?

思考和写作

1. 什么是物质?
2. 列出一些质量大的物质和一些质量小的物质。
3. 列出物质的三种属性。

登录 LOG ON 访问www.science.mmhschool.com，学习更多有关物质的知识。

第2课 物质的三态

LESSON

准备

物质是无处不在的！在这张图片中，你看到的物质有哪些呢？哪种物质的质量最大？哪种物质的质量最小？

探究技能

当你说出先发生什么，接着发生什么，最后发生什么时，你就是在**排序(put things in order)**。

探索活动

你该如何对物体进行排序？

活动步骤

1 预测一下，教室里的物体哪个质量最大，哪个质量最小？

2 在天平的两端各放入一个物体，比较一下它们的质量。使天平托盘下沉的物体具有较大的质量。

3 按照质量从小到大的顺序，对物体进行**排序**。

4 进一步探究 用一把尺子分别对各个物体进行测量。想一想，你还能用什么方法对物体进行**排序**呢？

材料

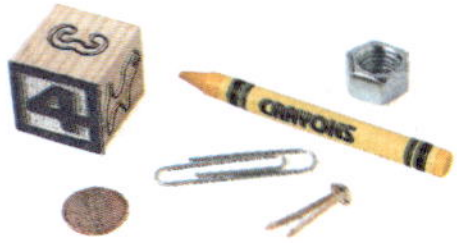

教室里的物体

天平

什么是固体?

物质有三种不同的形态，**固体(solid)**就是物质的其中一种形态。像所有的物质一样，固体占据一定的空间，并且具有一定的质量。但是只有固体才具有一定的形状。由金属、塑料和木材做成的物体都是固体。

溜溜球

直排溜冰鞋

蜡笔

羽毛

掌上游戏机

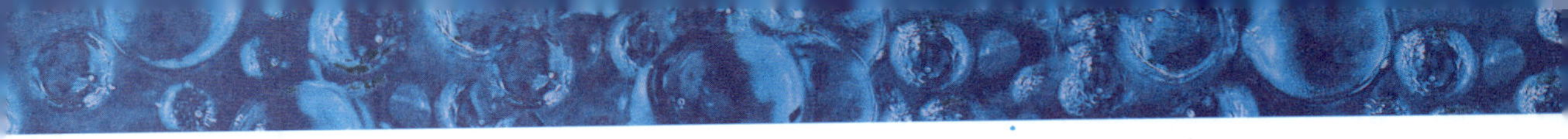

你可以测量固体的形状。固体的长、宽、高可以用尺子来进行测量。图中的这把尺子以厘米为单位。在欧美国家，有些尺子是以英寸为单位的。

尺子

你还可以测量固体的质量。固体的质量可以用天平来进行测量。托盘下沉一端的物体质量较大。

天平

所有这些物体有哪些共同点？

什么是液体?

液体(liquid)是物质的另一种形态。液体占据一定的空间，并且具有一定的质量。但是，液体没有固定的形状。你把它倒入什么形状的容器中，它就呈现什么形状。牛奶、果汁和水都是液体。

体积(volume)是指物体所占据空间的大小。你能测量出一种液体的体积。测量液体体积的常用工具是量杯。一个量杯每次都能装下相同体积的液体。

你能用什么方法测量这盆混合果汁的体积?

什么是气体?

物质的第三种形态是**气体(gas)**。气体占据一定的空间，并具有一定的质量。气体没有一定的形状，它会扩散并充满容器的所有空间。

空气是气体。你看不见空气，但是它无处不在。空气能充满整个轮胎或者一个气球。

风筝

用打气筒给轮胎打气

气球

当你吹气球时，气体就会跑进气球里，并胀大气球的内壁，使气球变大。

当受热时，气体的体积会增大，所占据的空间也会变大。当受冷时，气体的体积会缩小，所占据的空间也会变小。

在各张图片中，气体在哪里呢？

思考和写作

1. 物质有哪三种形态？
2. 一块小方冰是什么形态的物质？
3. 空气是什么形态的物质？

拓展阅读 阅读《固体、液体和气体》。

LESSON 第3课

物质的变化

准备

你是否曾将两种或两种以上的物体组合在一起而形成了新的物体？观察一下这件工艺品。想一想，你能用什么方法制作出类似的物品？

探究技能

当你制定一个计划并进行实验时，你就是在**调查**（**investigate**）。

探索活动

你是如何改变物质的?

活动步骤

1 观察你准备的物体。

2 想一想如何改变和组合这些物体。制定一个计划并进行实验。（小心！剪刀非常尖锐。）

3 你利用这些物体制成了什么？你是怎么制作的？说一说你是怎么改变物质的。

4 进一步探究 想一想，水是如何改变其他物质的？当你把物体浸湿时，会发生什么现象？制定一个计划并进行实验。

材料

固体胶

纸

剪刀

工艺材料

什么是物理变化?

物质变化的方式多种多样。你可以改变物质的大小或形状，这种变化叫做**物理变化(physical change)**。

对物质进行剪、折、弯或者撕等操作，可以使物质发生物理变化。当你改变物质的形状时，它的质量仍然保持不变。

你还可以通过混合来改变物质。混合物是由两种或者两种以上的不同物体组成的。你可以将固体、液体、气体混合在一起，然后再将它们分离。

混合也是一种物理变化。将各种物质混合在一起后，这些物质的属性都不会发生变化。

沙拉和沙拉调味料都是混合物。

说一说，是一棵完整的莴苣质量大呢，还是一棵被切碎的莴苣质量大？

什么是化学变化?

有时候，一种物质可以变成另一种物质，这种变化叫做**化学变化(chemical change)**。当物质发生化学变化时，它的属性也会发生变化。

燃烧是一种化学变化。它能将木材变成灰烬。

生锈是一种化学变化。一些金属会生锈。

烘焙是一种化学变化。你可以将面粉、牛奶、糖和鸡蛋混在一起烤成面包。

并不是所有的物质都是以相同的方式变化的。空气可以改变水果的颜色。一个切开的苹果放在空气中，苹果的切面就会变成褐色。水和空气可以使铁生锈，但不能使塑料发生变化。

变化之前	变化之后

当物质发生化学变化时，会出现什么现象?

思考和写作

1. 举出一种物理变化。
2. 什么是混合物?
3. 举出一种化学变化。

登录 LOG ON 访问www.science.mmhschool.com，学习更多有关物质如何变化的知识。

数学

链·接

适合于学校或家庭

深入观察

物质是由微小的粒子构成的。科学家用显微镜和放大镜来观察它们。你可以用两个放大镜来观察物体。试一试，将一个放大镜放在另一个放大镜的上面，然后进行观察。

试一试！

练习用放大镜观察布、头发或者纸片。然后用放大镜观察各种果实里的种子。你看到了多少粒种子？在一个柱状图中，记下各种种子的数量。

写秘密便条

将一支棉签浸入一杯牛奶或者一杯柠檬汁中。再用这支棉签在一张白色的纸上写一句话。将这张纸放到窗台上晾干，看一看会发生什么现象！

试一试！

说明文写作。给你的朋友写一封信，说明一下如何写秘密便条，并请你的朋友告诉你他观察到的现象。

本章回顾

词汇

物质	E6
质量	E7
属性	E8
温度	E9
固体	E12
液体	E14
体积	E15
气体	E16
物理变化	E20
化学变化	E22

为1~9项各选一个词，每个词只能选一次。

1 占据一定空间，并具有一定质量的物体是______。

2 一个物体所含有的物质的多少，叫做______。

3 一个物体的大小、形状或者颜色是这个物体的______。

4 具有一定形状的物质，叫做______。

5 像果汁一样，没有一定形状的物质，叫做______。

6 物体所占据空间的大小，叫做______。

7 像空气一样，会扩散并充满容器的所有空间的物质，叫做______。

8 ______表示物体的冷热程度。

9 下面两张图显示的是什么变化？请写下来。

A

B

科学思维

下面各张图显示的是什么物质？请说一说。

10

11

12

探究技能：调查

13 制定一个计划，说明你改变这种黏土的方法，要求黏土只发生物理变化。

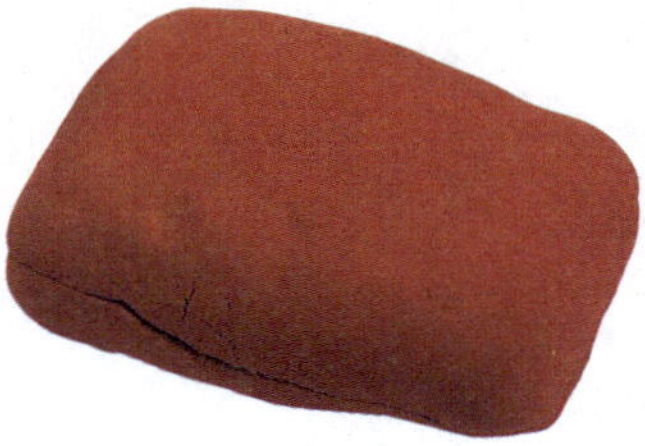

你想过吗？

探究技能 **调查(investigate)**一下，为什么化学变化很重要？想一想，当人们做饭时，会发生什么化学变化？

第2章 能 量

词汇

你想过吗？

燃放烟花时，会发生什么现象呢？会发出声、光和热。这些都是不同形式的能量。

探究技能 对学校或者家里的物体进行**分类**(**classify**)，说一说哪些物体会发声，哪些物体会发光，哪些物体会发热。

LESSON 第4课

热

准备

在炎热的夏天，冷冻食品很受欢迎。但是冷冻食品无法保存较长的时间。看一看这张图片，想一想，是什么使这支冰淇淋改变了形状呢？和同伴说一说你的想法。

探究技能

当你与他人分享你的观点时，你就是在**交流**(**communicate**)。

探索活动

热是如何改变物质的？

活动步骤

1 找一个有阳光的地方。在三个纸盘中，分别放入方块冰、黄油和巧克力。再将它们的形状画下来。

2 将这三个纸盘放在阳光下。想一想，太阳会如何改变每个物品呢？

3 **交流**一下每个物品发生的变化，并将它们的形状画下来。将你的画与同学的进行比较。

4 探究技能 热是如何改变物质的呢？与你的同伴**交流**(**communicate**)一下你的观点。

材料

纸盘

方块冰

黄油

巧克力

热是如何改变物质的?

能量(**energy**)可以使物质运动或者发生变化。热(**heat**)就是其中的一种能量。热可以使物质从一种状态变成另一种状态。冷却可以使液体变为固体。加热可以使液体变为气体。这些变化都是物理变化。

水的形状就是装它的容器的形状。

将这个制冰格放在冰箱的冷冻室内，注满水，制冰格里的水会由液体变成固体，而这个塑料制冰格则不会发生变化。

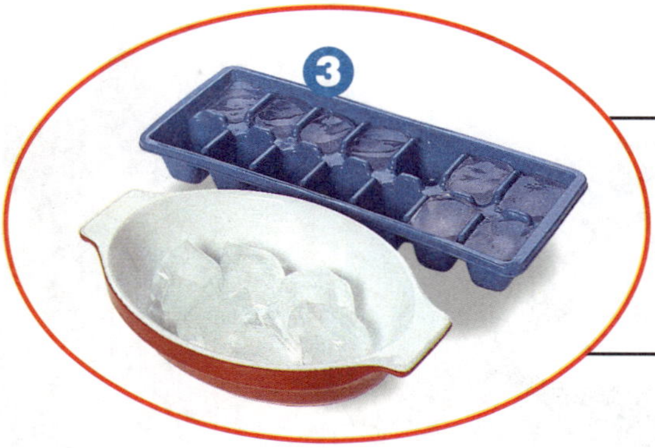

将这些固体方块冰放入一个盘子中，并置于室温下。

热使固体冰融化，
变成液体。

固体冰又变回
液态水。

当水变得非常热时，它
会沸腾。这时，液体就
会变成气体。

你能用什么方法改变物质的形态？

我们怎样利用热量?

我们所用的热量大多来自于太阳。太阳使地球上的土地、空气和水变得温暖。如果没有太阳，地球就会变得非常寒冷，生物就无法生存。

火会释放出热量。燃烧燃料(**fuel**)，就能获得热量。木材、天然气和油都是燃料。

我们可以在河流中建水坝发电。电也能产生热。

你还可以通过搓手来产生热量。这时，如果你拿起一支铅笔，这种热量就会从你的手上传到这支铅笔上。热量能从一个物体传到另一个物体。热量在金属中传递得很快，这就是人们做饭时要用金属锅的原因。

热量能使物体发生变化。当制陶工人将黏土放在一个特制的炉子内烘烤时，黏土就会发生变化。它会变得非常硬。

在这几张图片中，人们是如何利用热量的？

思考和写作

1. 列出热量使物质发生变化的两种方式。
2. 我们所用的热量大多是从哪里来的？

家庭活动

将一盘水和一块积木在冰箱的冷冻室中放置两个小时。想一想，它们会发生什么变化？

LESSON 第5课

光

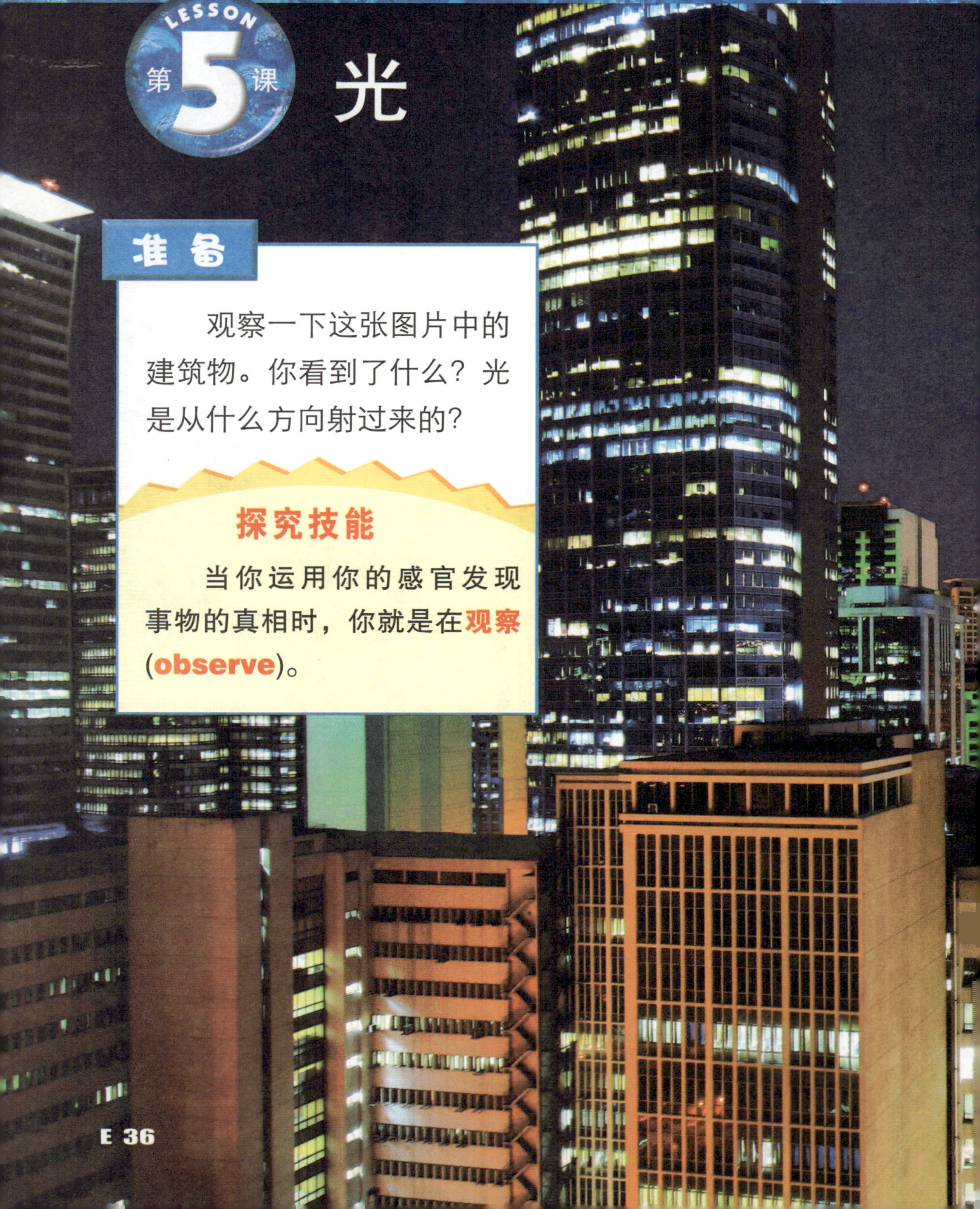

准备

观察一下这张图片中的建筑物。你看到了什么？光是从什么方向射过来的？

探究技能

当你运用你的感官发现事物的真相时，你就是在**观察**(**observe**)。

探索活动

光是如何运动的?

活动步骤

1 你拿一个手电筒站在墙边，让你的同伴拿一面镜子。

2 用这个手电筒照射这面镜子。请同伴用镜子把光投射到墙壁上。

3 **观察**一下光的运动。光是如何运动的呢?

4 进一步探究 用这个手电筒照射其他物体。**观察**一下光是如何运动的。

材料

手电筒

镜子

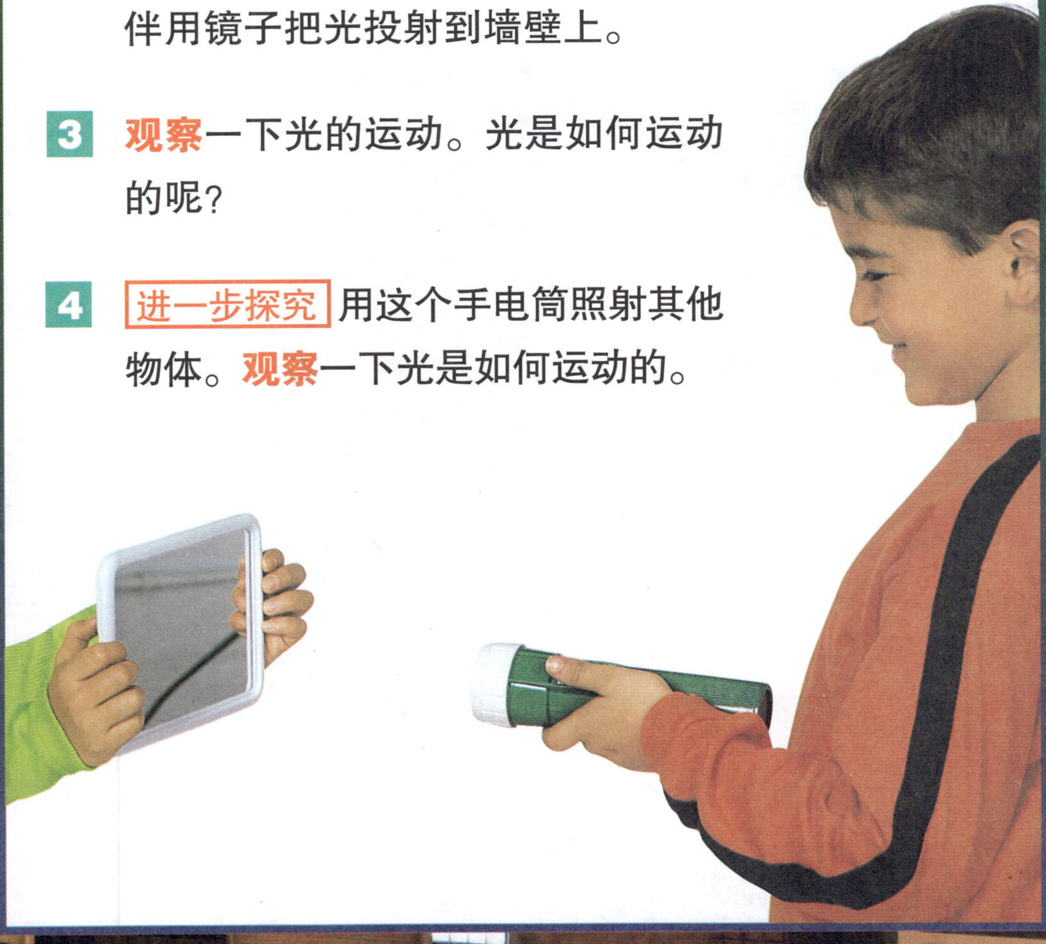

什么是光?

光(light)是一种能量，它使我们能够看见物体。光是沿直线传播的。

当光射到一个物体的表面时，一部分光会从物体表面**反射(reflect)**，即弹回。当光从像镜子一样光滑的平面上反射时，它会沿同一方向弹回。

这面镜子不是平面的。当光射到它的表面时，一部分光会沿各种不同的方向弹回来。这让你的像显得很滑稽。

当一个物体挡住光时，它就会产生影子。影子是光照不到的黑暗区域。你用手挡住光，就会在墙壁上产生影子。有些物体挡不住光，它们就不会产生影子。

玻璃或者水可以使光弯折，这种现象叫做**折射(refraction)**。一个放大镜可以使光发生折射。折射光能使物体看起来更大。

光是如何传播的？

当光穿过这个放大镜后，会发生折射。折射光使花朵看起来更大了。

我们是如何利用光的?

地球上的光大多来自于太阳。生物需要阳光的能量。如果没有太阳，地球将处于黑暗之中，这样的话，地球上将没有生物能够生存和生长了。

人类曾将火用于室内和夜间照明。现在，我们可以借助电灯在晚上看东西。

在这几张图片中，人们是如何利用光的？

思考和写作

1. 什么是光？
2. 影子是如何形成的？
3. 天黑后，是什么给我们带来光明的？

登录 LOG ON 访问www.science.mmhschool.com，学习更多有关光的知识。

LESSON

第6课 声音

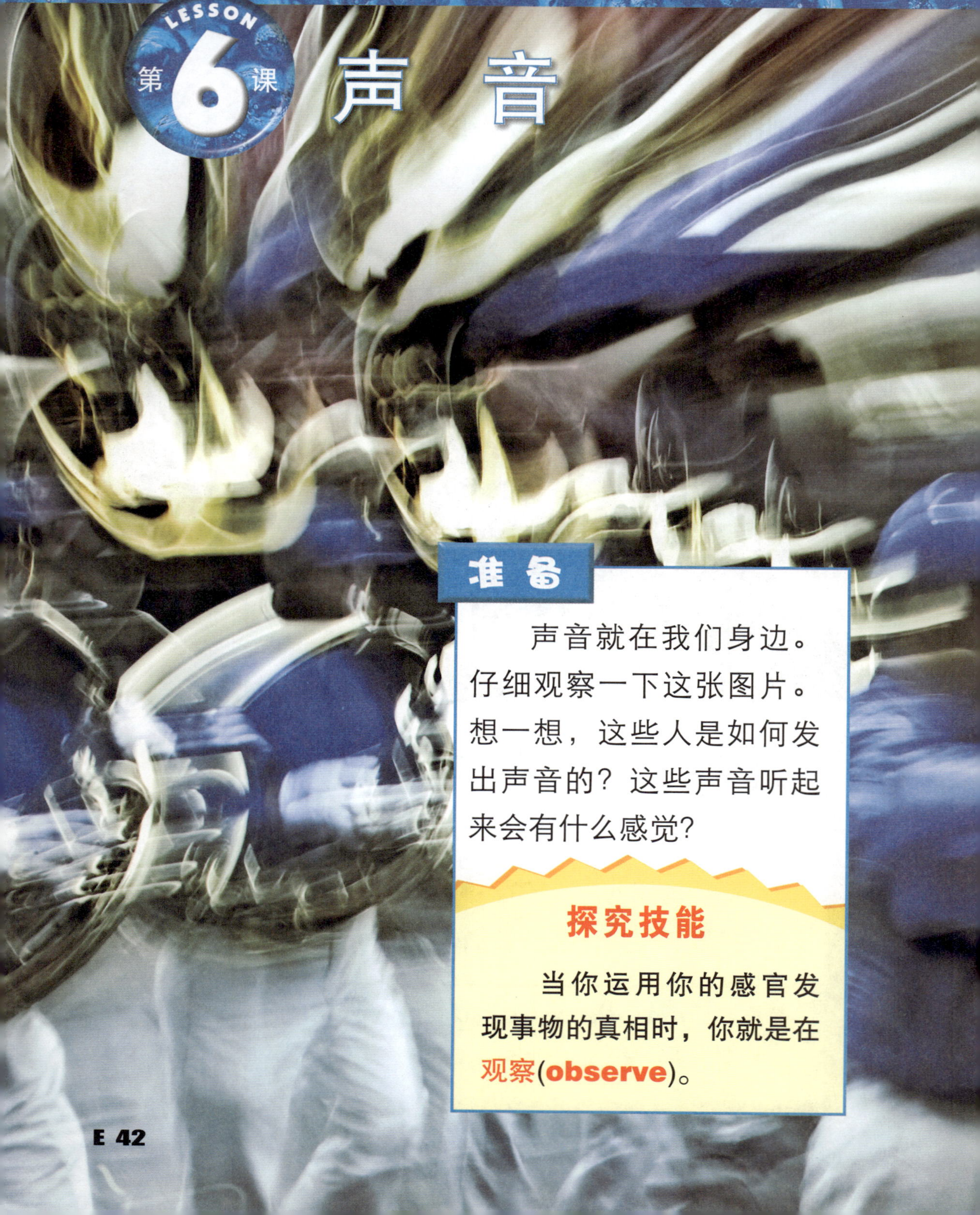

准备

声音就在我们身边。仔细观察一下这张图片。想一想，这些人是如何发出声音的？这些声音听起来会有什么感觉？

探究技能

当你运用你的感官发现事物的真相时，你就是在**观察(observe)**。

探索活动

声音是如何产生的?

活动步骤

1 与两个同伴一起做这个活动。在一只纸杯的底部打一个小孔。将绳子的一端系在一枚回形针上，另一端穿过这个小孔。

2 你和同伴两个人，一人拿着这只杯子，一人牵住这根绳子的一端。请另一个同伴弹动这根绳子。
(小心！请戴上护目镜)

3 **观察**一下会发生什么现象。想一想，声音是如何产生的?

4 进一步探究　改变这根绳子的长度。**观察**一下会发生什么。声音是如何变化的呢?

材料

纸杯

绳子

护目镜

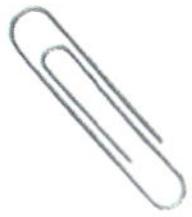

回形针

什么是声音?

声音(**sound**)是一种能量。当物体振动(**vibrate**)，也就是来回运动时，就会发出声音。当物体振动时，它会使周围的空气也产生振动。振动的空气传到你的耳朵，会使耳朵的某个部位也产生振动。这样你就听到了声音。

当你讲话时，你肺部的空气会使你的声带产生振动。在你讲话时，摸一摸你的喉咙，感受一下这种振动。

声音是以波的形式进行传播的。声波通过空气进行传播，就像水池中的涟漪一样。

你听到的声音大多是通过什么进行传播的？

为什么会有嘈杂和悦耳的声音？

并不是所有的声音都是一模一样的。有的声音很嘈杂，有的声音很轻柔。大的振动产生嘈杂的声音，小的振动产生轻柔的声音。你离声源越远，声音听起来就越轻柔。

比较一辆摩托车发出的声音和一辆自行车发出的声音。

什么是音调?

声音还有高低之分。**音调 (pitch)** 描述声音的高低程度。

乐器是通过振动发声的。观察一下右图这个乐器，当你敲击小横木时，振动较快，音调较高；当你敲击大横木时，振动较慢，音调较低。

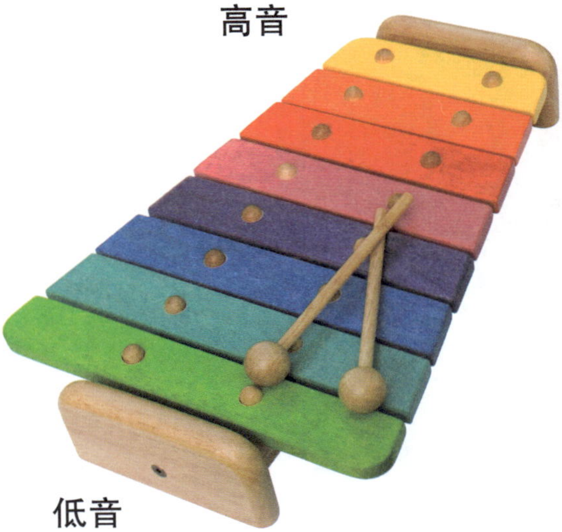

你能用什么方法描述这两条狗叫的音调?

声音是通过什么传播的?

声音可以通过气体、液体和固体进行传播。你听到的声音大多是通过空气传播的。空气是气体。

在水下，你能听到声音。声音通过空气传播和通过水传播的情况是不一样的。声音会让水产生振动。

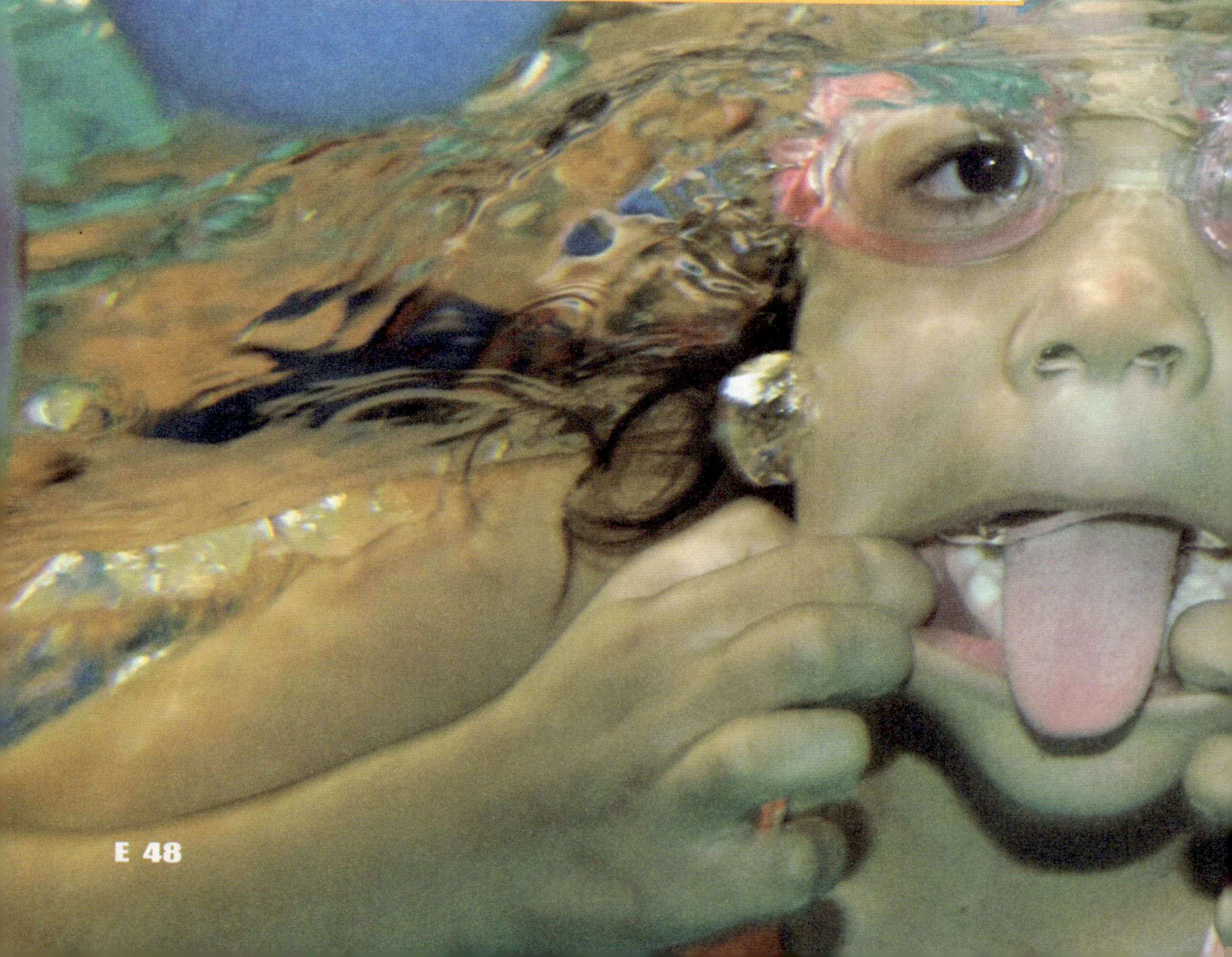

你试过将耳朵贴在一张桌子或者一扇门上，倾听来自另一边的声音吗？声音使木头发生振动。木头是一种固体。

当声音通过一种固体进行传播时，会发生什么现象呢？

思考和写作

1. 声音是如何产生的？
2. 什么是音调？
3. 说一说，声音可以通过什么进行传播？

拓展阅读 阅读《能量》。

阅读

链·接

适合于学校或家庭

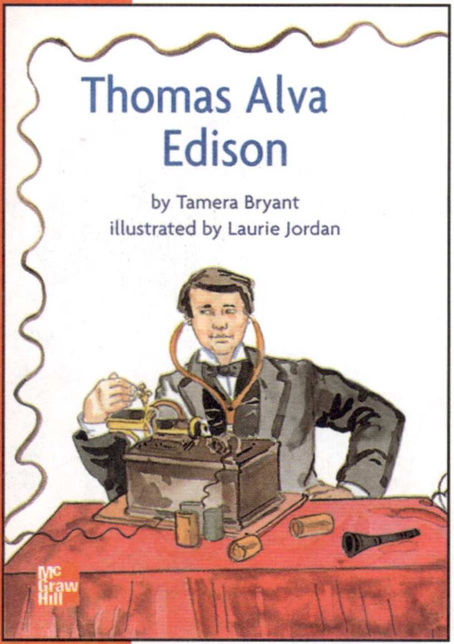

写一写过去

想象一下，在发明电灯泡之前，人们的生活是什么样子的？阅读《托马斯·阿尔瓦·爱迪生传》。回想一下爱迪生发明的所有东西。这些发明是怎样改变人的生活的？

试一试！

如果没有托马斯·爱迪生的发明，你的生活将会有什么不同呢？写一篇故事，描写一下。

制作你自己的乐器

乐器制作的历史非常漫长。人类发明的第一件乐器很可能是中空木鼓。其实，你也能发明你自己的乐器。

试一试！

想办法制作一件乐器。找一找可以发出声音的物体，并且尽量能发出高音和低音。你能用所制的乐器演奏一段曲子吗？

科学阅览室之CD-ROM

选择《嘈杂的声音》，学习有关声音的更多知识。

本章回顾

词汇

能量	E32
热量	E32
燃料	E34
光	E38
反射	E38
折射	E39
声音	E44
振动	E44
音调	E47

为1~9项各选一个词，每个词只能选一次。

1 当你使物质运动或发生变化时，你就在使用______。

2 能改变物质形态的能量，叫做______。

3 燃烧时能释放热量的物体叫做______。

4 你能听到的能量是______。

5 ______描述声音的高低程度。

6 当物体来回快速运动时，它是在______。

7 能使你看见东西的能量，叫做______。

8 当光射到一面镜子上时，这面镜子会______光。

9 当物体使光弯折时，这种现象叫做______。

科学思维

10 声音可以通过什么进行传播？

11 下面哪张图片显示的是热？

A

B

C

探究技能：交流

说一说，下面两张图片显示的分别是什么？

12

13

阅读：

《化石燃料给我们带来温暖》、《用圆点和破折号发送信息》。

你想过吗？

探究技能 **调查(investigate)**一下学校里或者家里出现的那些嘈杂和轻柔的声音。想一想，嘈杂的声音有什么害处？

闪亮的创意！

贝基•施罗德10岁那年，萌发了一个绝妙的想法。一天下午，她正在汽车里做家庭作业。突然，车里的灯熄灭了。贝基心想，要是不开灯也能看见自己写的作业该多好啊。于是，她有了一个主意。

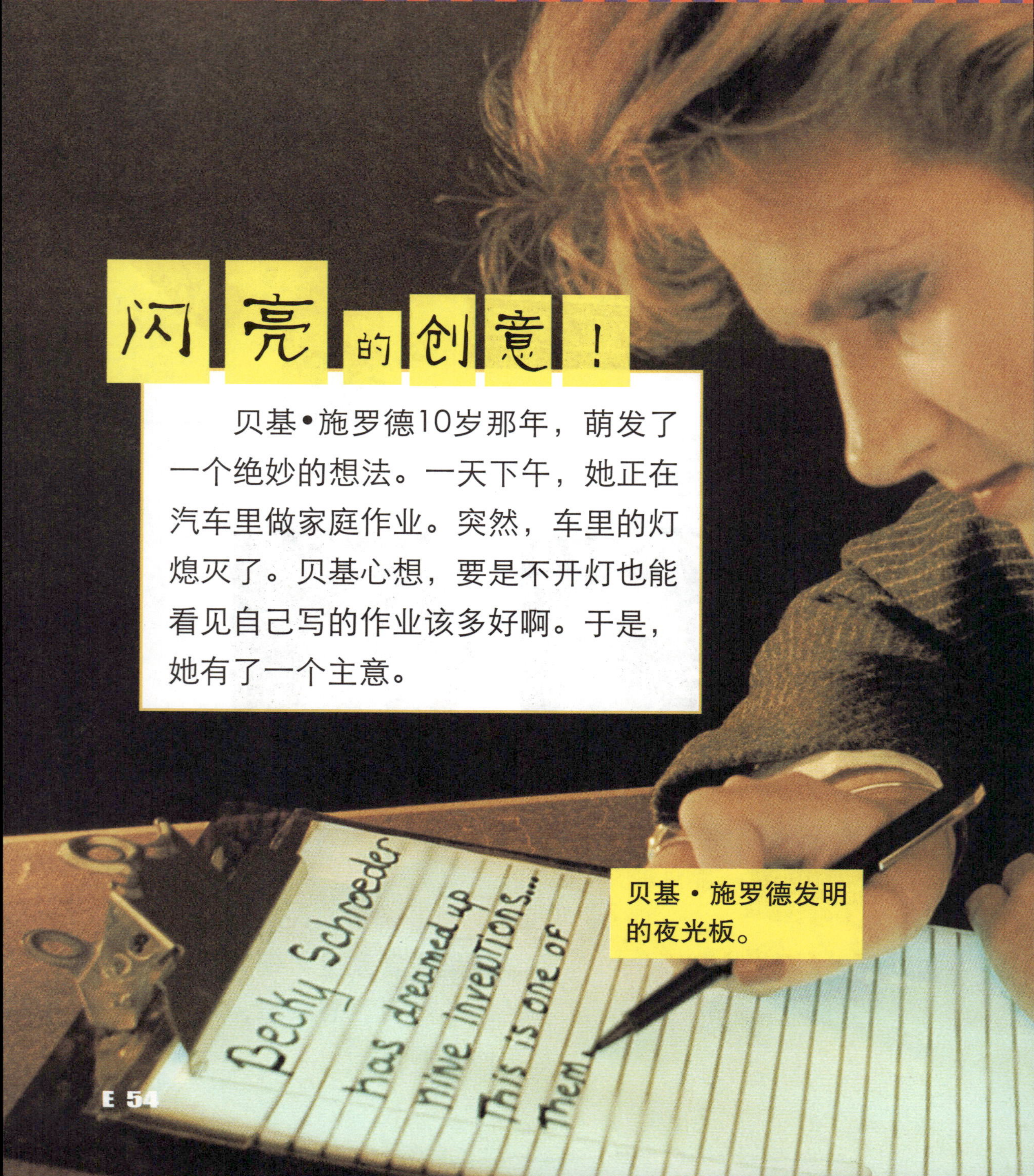

贝基・施罗德发明的夜光板。

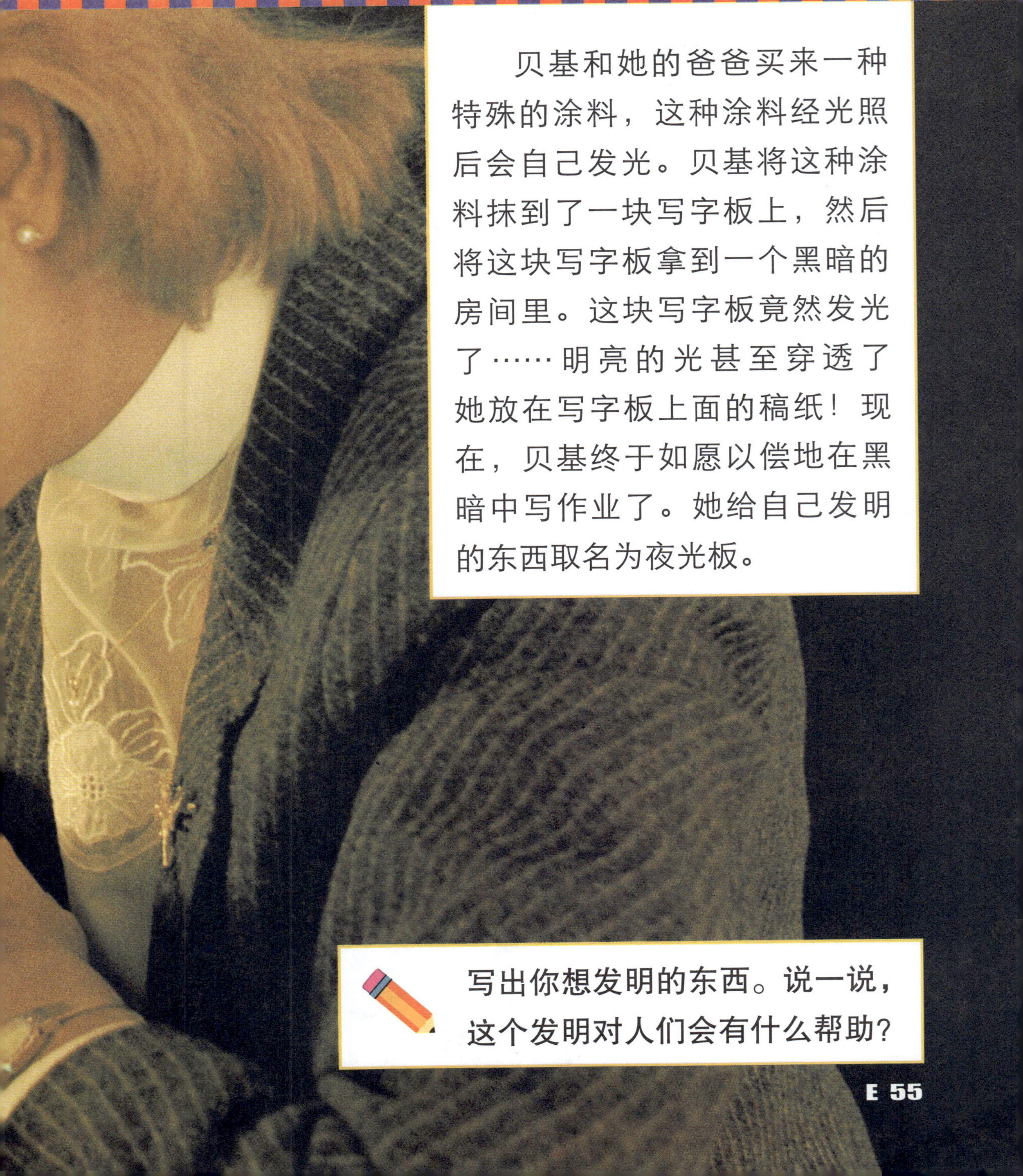

贝基和她的爸爸买来一种特殊的涂料，这种涂料经光照后会自己发光。贝基将这种涂料抹到了一块写字板上，然后将这块写字板拿到一个黑暗的房间里。这块写字板竟然发光了……明亮的光甚至穿透了她放在写字板上面的稿纸！现在，贝基终于如愿以偿地在黑暗中写作业了。她给自己发明的东西取名为夜光板。

写出你想发明的东西。说一说，这个发明对人们会有什么帮助？

无处不在的物质

观察这个物体。这个物体是什么形态的？它有什么性质？你能用什么方法使它发生物理变化？你又能用什么方法使它发生化学变化？制作一本小册子，阐述你的观点。

热、声音和光

想出分别能发热、发声和发光的三种物体。将每种物体画下来。然后利用热、声音或光做一个小发明。写一写或者说一说你的发明有什么用处。

单元

F 观察运动

观察运动

瞧!

滑雪板就是一块没有轮子的滑板！这个滑雪运动员是如何向前移动的呢？仔细瞧一瞧！

第3章 力和机械

你想过吗？

什么可以使物体动起来呢？推和拉能使物体运动起来。因为受到推力或拉力后，这个机械的零件就运动起来了。想一想，用到推或拉的机械有哪些？

探究技能 **观察**（**observe**）一下，你每天是如何用到推和拉的？

词 汇

LESSON 第1课

推和拉

准备

你玩过弹子球吗？如果你给弹子球一个推力，它们就会运动很远的距离。一颗弹子球运动的距离有多远呢？

探究技能

当你弄清楚物体运动的距离有多远时，你就是在**测量(measure)**。

探索活动

不同的物体运动的距离有多远？

活动步骤

1 将几个物体并排放在同一条起始线上。

2 均匀用力弹击每个物体，使它们向前运动。

3 用一把尺子测量一下每个物体运动的距离。将测量的值记下来。哪种物体运动的距离最远？为什么？

4 进一步探究 用比先前更大的力弹击每个物体。**测量**一下它们运动的距离。

材料

棋子

积木

玩具车

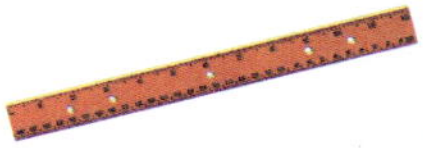
尺子

双面胶

什么可以使物体动起来?

物体不会自己动起来。推或拉可以使物体动起来或者改变运动方向。推或拉时都使用了力(**force**)。

当这名男子推这个雪橇时，他正在用力使它运动。当这两位大人拉这个小女孩时，他们正用力使她运动。

拉

重力(**gravity**)是把物体拉向地球的力。当你下山时，重力会使你的速度加快；当你上山时，重力会使你的速度减慢。

重力使你无法脱离地球。当你松开手中的一个物体时，你会看到由于重力作用，这个物体会掉到地面上。

使物体运动的力有哪些？

重力把物体拉下山坡。

物体是如何运动的?

物体运动的方式多种多样。根据物体经过的路径，你可以判断它们的运动方式。

过山车开始时做直线运动，但很快变为曲线运动。空中秋千做圆周运动。

圆周运动

曲线运动

图中的这种“海盗船”做来回运动。有些物体，和下图中的球一样，做Z字形运动。Z字形是一条沿途有许多急转弯的路径。

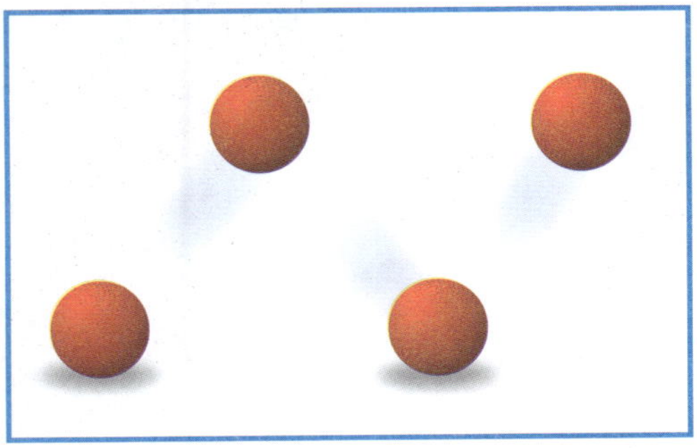

Z字形运动

来回运动

什么使这些物体动了起来？

思考和写作

1. 你能用什么方法使物体动起来？
2. 什么是重力？
3. 物体运动的方式有哪些？

家庭活动 在你的家里到处看一看，将你所见到的物体运动的方式列出来。

LESSON 第2课

力和变化

准备

想一想，这辆卡车在哪里跑得更快？在草地上，还是在街上？为什么？

探究技能

当你说出物体的相同点和不同点时，你就是在**比较(compare)**。

探索活动

你能用什么方法减小物体的运动速度?

活动步骤

1. 将几本书叠起来。将一块卡纸板的一端搁在这些书上，形成一个斜坡。

2. 将一辆玩具公交车放在斜坡的顶部，然后松手放开它。在小车停下的地方，贴上胶带。

3. 在这个卡纸板上覆上一层蜡纸。重复第2步。再分别换用砂纸、布试一下。

4. 进一步探究 **比较**一下这辆小车每次运动的距离。想一想，哪种材料对小车的阻力最大？为什么？

材料

卡纸板

3本书

玩具公交车

蜡纸

砂纸

布

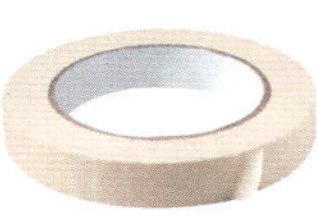

胶带

是什么减缓了物体的运动速度?

摩擦力(friction)是一种能减缓物体运动速度的力。当两个互相接触的物体相对运动时,就会产生摩擦力。

粗糙平面间的摩擦力比光滑平面间的摩擦力大。在粗糙的平面上推或拉动物体,要比在光滑的平面上更费劲。

当你溜冰时，你的滑轮在地面上滚动。如果要停下来，你需要在地面上拖动橡胶垫，这样你就会减缓速度直到停止。这是因为拖动橡胶垫产生了摩擦力。

什么力减缓了手推车和滑冰鞋的运动速度？

当你改变力时，会发生什么现象？

当作用在物体上的力改变时，物体的运动方式也会发生变化。一个较小的力可以使这个高尔夫球缓慢地运动。一个较大的力可以使这个高尔夫球飞得又快又远。

使不同的物体动起来花费的力的大小也是不同的。物体越重，你就需要越大的力，才能使它运动。

谁拉皮箱用的力更大?

力是如何改变物体的运动状态的？

当物体运动时，我们说它就处于运动状态之中。一个力可以使处于运动状态的物体停下来，也可以使静止不动的物体动起来。这就是运动状态的改变。力使这些改变得以发生。

力能改变物体的运动状态。它们能使物体加快速度、减缓速度、停下来以及动起来。它们还能使物体改变运动方向。

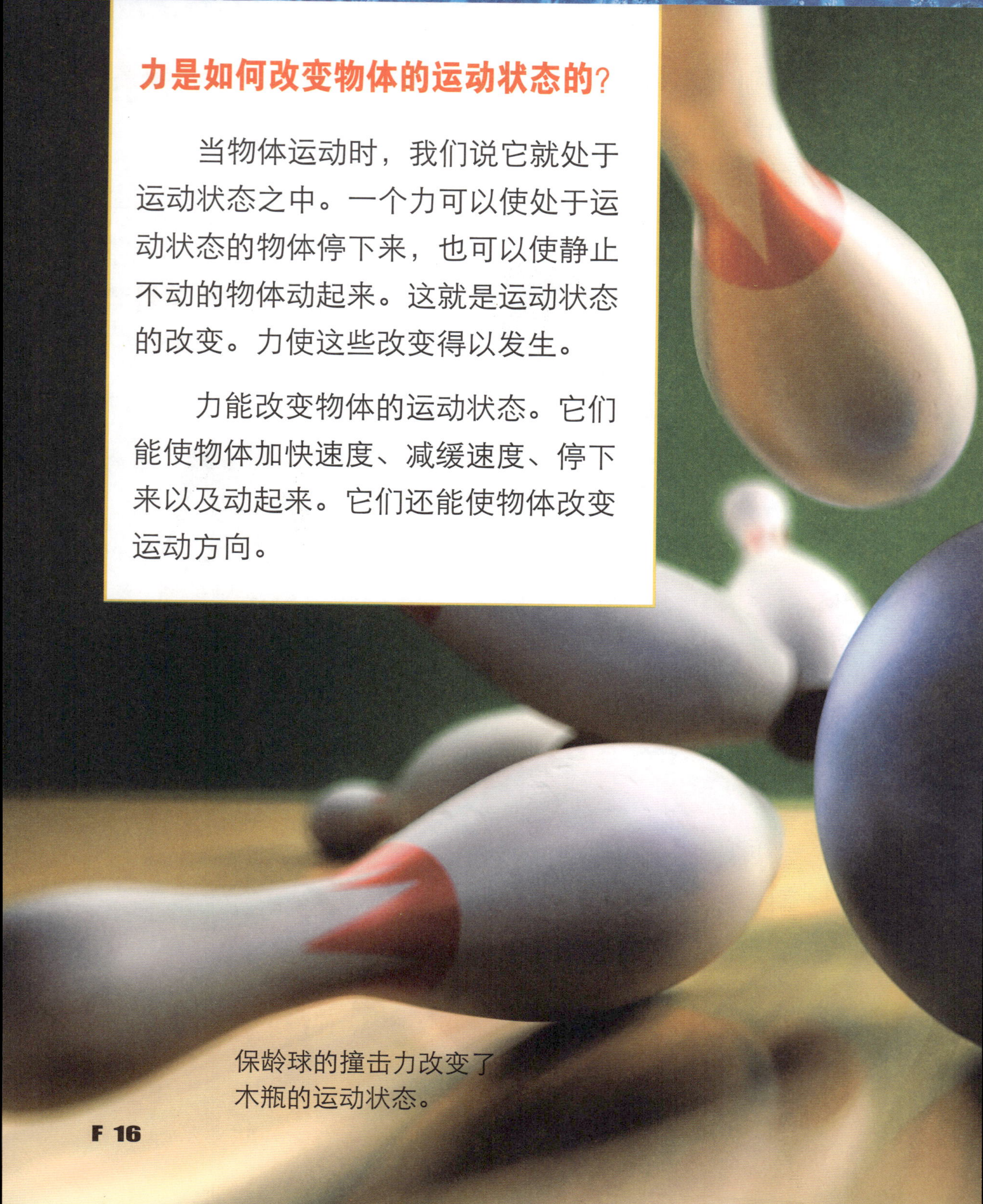

保龄球的撞击力改变了木瓶的运动状态。

打乒乓球时，你用球拍击球使它越过球网。每一击都在施加一个推力。这个推力改变了球的运动方向。

当你打乒乓球时，球的运动状态是如何改变的?

思考和写作

1. 什么是摩擦力?
2. 当作用在一个物体上的力增大时，它会发生什么现象?
3. 物体运动状态的变化有哪些?

拓展阅读 阅读《推和拉（物体运动的方式）》。

LESSON 第3课

杠杆

准备

这个马戏团的小男孩想要移动这个圆台。想一想，他该如何用力才能移动它呢？这个小男孩有一个计划。你能猜出它是什么吗？

探究技能

当你制定一个计划并进行实验时，你就是在**调查(investigate)**。

探索活动

力是如何帮你抬起物体的?

活动步骤

1 用胶带将一支铅笔粘在你的桌子上。在这支铅笔旁边放一本书。

2 观察下面的几张图片。**预测**一下，要抬起这本书，哪种方式最省力?

3 制定一个计划，然后进行实验。(小心！请戴上护目镜。)

4 进一步探究 **探究**一下如何用同样的方法抬起其他物体。

材料

书

2支铅笔

胶带

护目镜

A.

B.

C.

什么是简单机械?

简单机械(**simple machine**)能使移动一个物体变得更加省力。简单机械利用力的作用将物体从一个地方移动或者运载到另一个地方。

要移动一个较重的物体，你需要使用很大的力。如果你使用简单机械，移动同样的物体就省力多了。

你是如何知道跷跷板是一种简单机械的?

什么是杠杆？

杠杆(**lever**)是一种简单机械。一根杠杆就是将一根硬棒搁在一个**支点**(**fulcrum**)上，也就是一个固定点上的硬棒。图中杠杆看起来就像跷跷板。

使用杠杆时，你把重物放在杆子的一端。当你在另一端施加力时，这个重物就会被抬起来。

这根杠杆的支点在哪里呢？

我们是如何使用杠杆的?

在很多工具中，你都能发现杠杆。手推车是杠杆，它的支点是轮子。剪刀也是杠杆，它的支点是两个剪刀片的交点。

手推车

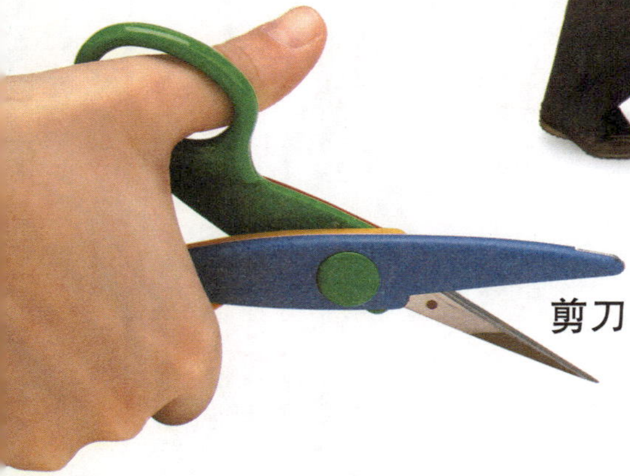

剪刀

千斤顶

千斤顶也是杠杆。利用千斤顶，你能抬起一辆车。撬棍也是杠杆，你能用它将物体撬开。

杠杆是如何帮助我们工作的？

撬棍

思考和写作

1. 我们为什么要使用简单机械？
2. 列出一种简单机械的名称。
3. 哪些工具用到了杠杆？

家庭活动 在你的家里找一找杠杆，并将它们列出来。

第4课 斜 面

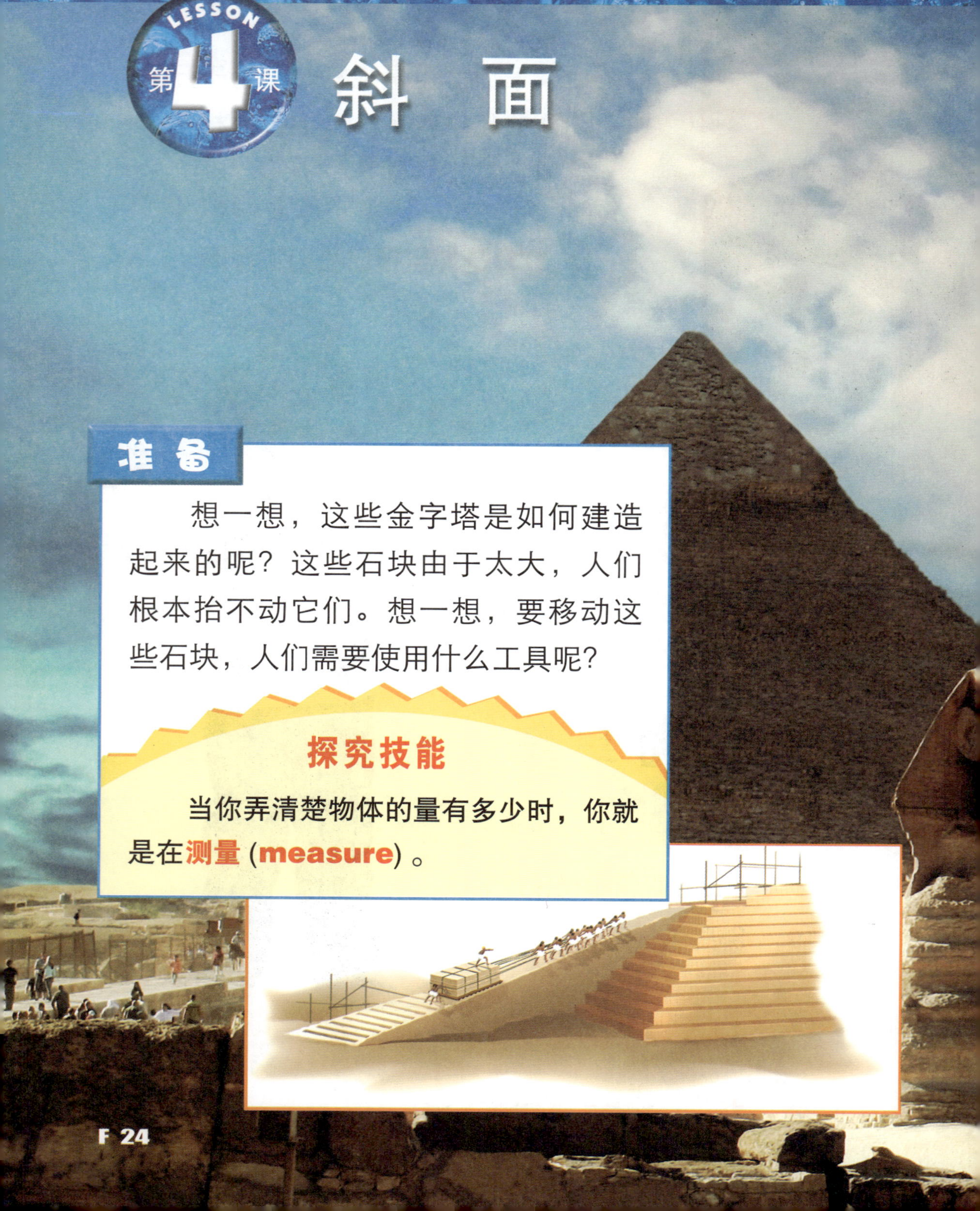

准 备

想一想，这些金字塔是如何建造起来的呢？这些石块由于太大，人们根本抬不动它们。想一想，要移动这些石块，人们需要使用什么工具呢？

探究技能

当你弄清楚物体的量有多少时，你就是在测量 (measure)。

探索活动

你怎样用更小的力移动物体?

活动步骤

1 将10个垫圈系在一个拉力测量仪上。(这种工具可以测量力的大小)。(小心！请戴护目镜。)

2 将拉力测量仪竖直提起来。**测量**一下橡皮筋伸长的长度。

3 用几本书和一块卡纸板搭成一个斜面。沿着这块卡纸板拉动垫圈，并进行测量。哪种情况下你用的力更小一些呢?

4 进一步探究 从斜面中拿掉几本书。**测量**一下你用的力有多大。然后作比较。

材料

垫圈

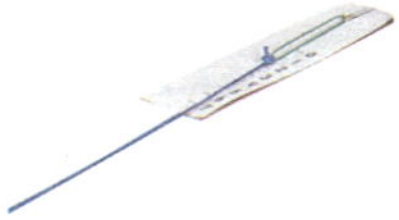

拉力测量仪

书

卡纸板

护目镜

斜面是如何工作的?

斜面(ramp)就是一个带有倾斜平面的简单机械。利用斜面你能用较小的力将物体移到更高的位置上。要抬起一个重物，需要花费很大的力。但如果沿一个斜面推动同样的重物，所需要的力就小得多。

斜面可能又短又陡，也可能又长又平缓。沿着一个陡峭的斜面推动物体比沿着一个又长又平缓的斜面推同样的物体需要的力更大。

你能借助什么工具移动一个较重的物体？

我们如何使用斜面?

斜面可以帮助人们将物体从一个地方移到另一个地方。很多建筑物有像楼梯一样的斜面。利用这种斜面，人们从一层走到另一层就更省力了。

轮椅行驶的斜面

高速公路的斜面

有些斜面应用到了汽车和卡车上。人们利用斜面将笨重的机器移到更高的位置。

在这几张图片中，人们是如何利用斜面的？

船上的斜面

装载货物的斜面

思考和写作

1. 什么是斜面？
2. 为什么用斜面要比直接抬起物体更省力？
3. 列出人们使用斜面的两种方法。

登录 LOG ON 访问www.science.mmhschool.com，查阅更多有关力和机械的资料。

阅读

链·接

适合于学校或家庭

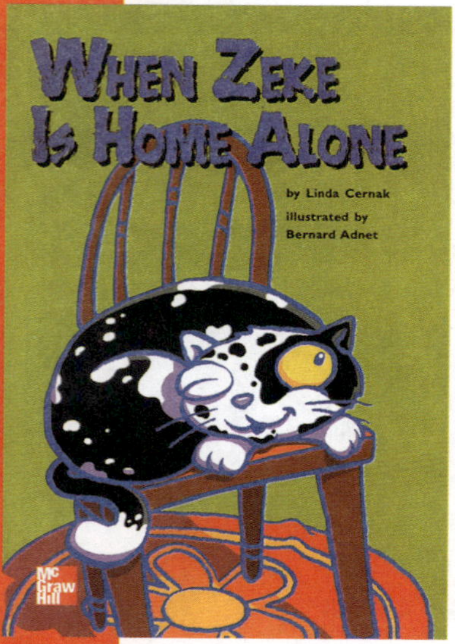

制作一本关于力的小册子

你一天当中经常在使用推力和拉力。找一找，哪些日常活动会用到力？阅读《当齐克独自在家的时候》。

今天我要滑滑梯。

试一试！

将你在白天使用力的几种方式画下来。为每一种方式造一个句子。将你的画制作成一本小册子。

科学阅览室之CD-ROM

选择《重力》，解答有关重力的问题。

写作 链·接

适合于学校或家庭

有趣的力！

回想一下你运动的各种方式。你能沿Z字形或曲线形的路径行走吗？你能沿直线形或环形的路径行走吗？

试一试！

写一写你自己。回想一下你玩“猜领袖”游戏时的情景。“领袖”是如何让你运动的呢？给你的朋友写一封信，说明一下你在游戏中是如何运动的。

词汇

力	F6
重力	F7
摩擦力	F12
简单机械	F20
杠杆	F21
支点	F21
斜面	F26

为1~7项各选一个词，每个词只能选一次。

1 推或拉一个物体时都是在施加一种_____。

2 把物体拉向地球的力是_____。

3 能减缓一个物体运动速度的力是_____。

4 斜面和杠杆是_____。

这几个箭头所指的是什么？

5

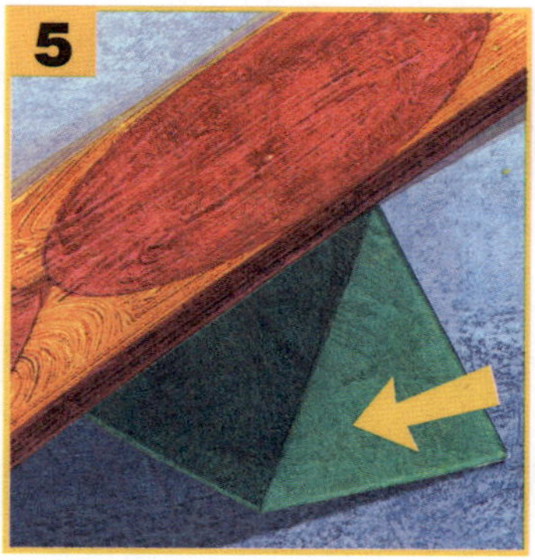

6

7

科学思维

8 下面哪幅图显示的不是杠杆？

A

B

探究技能：测量

9 沿着一个斜面移动一把尺子和一盒蜡笔，哪个需要的力更大？用拉力测量仪找出答案。测量一下橡皮筋伸长的长度。

阅读：
《杠杆和斜面》。

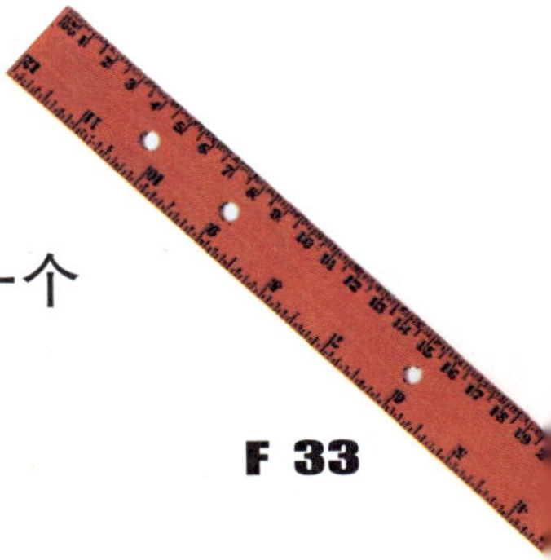

你想过吗？

探究技能 用积木建立一个斜面的模型。

第4章 力和磁铁

词 汇

吸引	F38
磁极	F40
排斥	F41
磁场	F42
罗盘	F49

你想过吗？

一块磁铁的哪个部分磁力最强呢？磁铁的两极磁力最强！哪些物体能被磁铁吸引呢？

探究技能 **观察 (observe)** 一下磁铁有什么用。想一想，为什么磁铁非常有用呢？

LESSON 第5课

力和磁铁

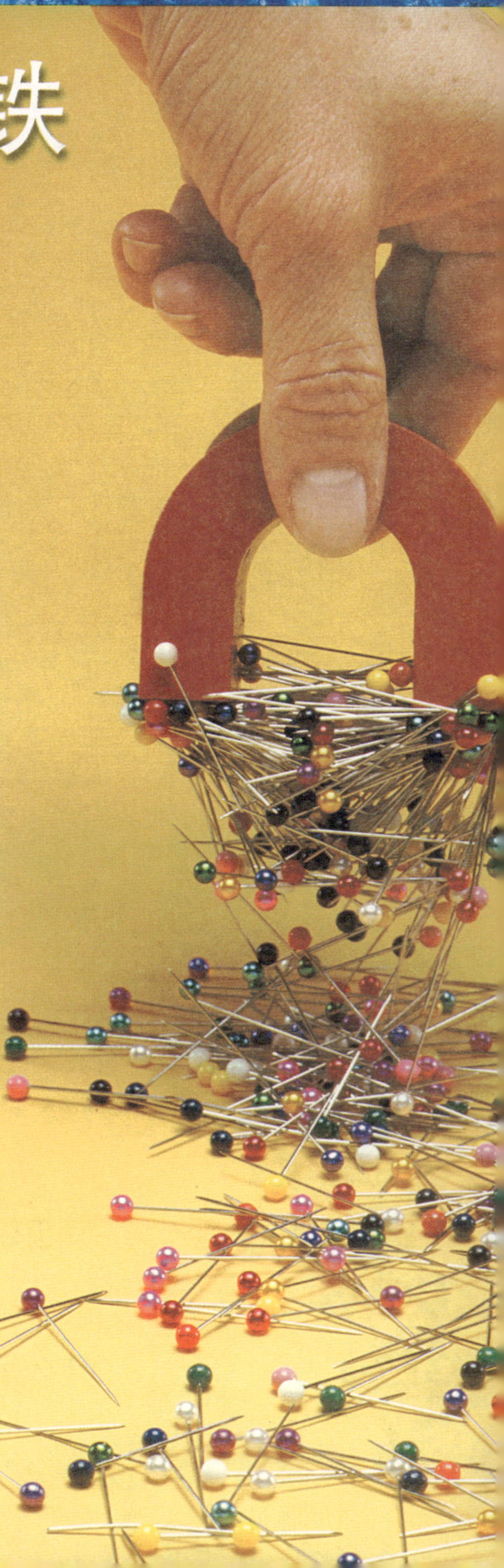

准备

在不用胶水的情况下，这些大头针是如何吸在一起的呢？是什么使这么多的大头针吸在了磁铁上？这些大头针都有什么相同点？

探究技能

当你通过分组来表示物体的相同点时，你就是在**分类**(**classify**)。

探索活动

哪些物体会吸到磁铁上？

活动步骤

1 做一根磁铁钓鱼竿。在一支铅笔上系一根绳子，在绳子的另一端系一块磁铁。

2 将所有的物体放到一个纸袋中。预测一下，哪些物体会吸到这块磁铁上？

3 用这根钓鱼竿从这个纸袋中钓物体。

4 进一步探究 按是否能吸到这块磁铁上对每种物体进行**分类**，并将这些物体列在下面的表格中。

吸	不吸

材料

纸袋

小物体

磁铁

绳子

铅笔

磁铁能吸引什么?

磁铁能够产生推或拉的力，这种力叫做磁力。

磁铁能**吸引(attract)**某些金属。它能吸引用铁做成的物体，但是不能吸引用铜、黄铜、塑料、木材或者橡胶做的物体。

磁铁有不同的大小和形状。一块磁铁可能是条形的、环形的或者马蹄形的。

不同的磁铁可能会产生不同的推或拉的力。

说一说，磁铁能吸引哪些物体？

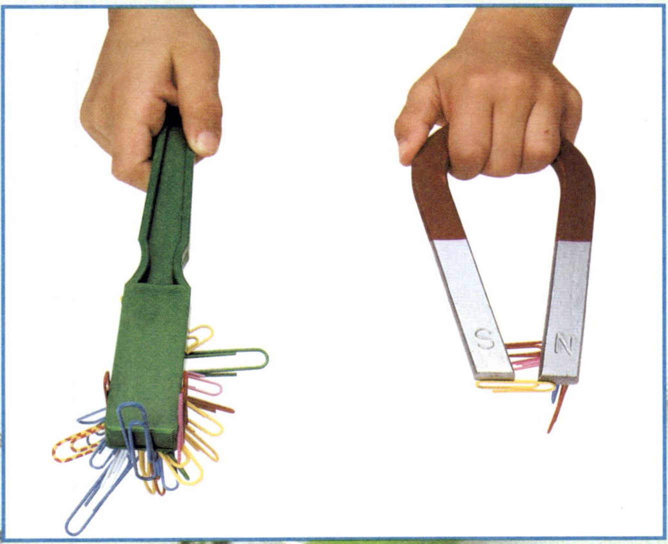

什么是磁极?

磁铁都有两个磁极。**磁极(pole)**是磁铁上磁性最强的部分。每块磁铁都有一个北极和一个南极。

观察下面的图片。这两块磁铁的磁极相互吸引，因为它们是异性磁极。一个北极和一个南极相互吸引。

现在，观察下面的图片。这两块磁铁的磁极相互**排斥(repel)**，即相互推开，因为它们是同性磁极。同性磁极相互排斥。

如果你把两个南极放在一起，那么将会发生什么现象呢?

磁铁能穿透什么?

磁铁能在不接触物体的情况下吸引物体。一块磁铁的磁力能穿透固体、液体和气体。在磁铁周围有磁力作用的空间叫做**磁场(magnetic field)**。

磁力能穿透液体。

磁力能穿透固体。

当一块磁铁靠近一个铁质的物体时，这块磁铁的吸引力是最强的。随着这块磁铁被移得越来越远，它的吸引力也会变得越来越弱。当这块磁铁被移到离这个物体足够远的地方时，它就不能再吸引这个物体了。

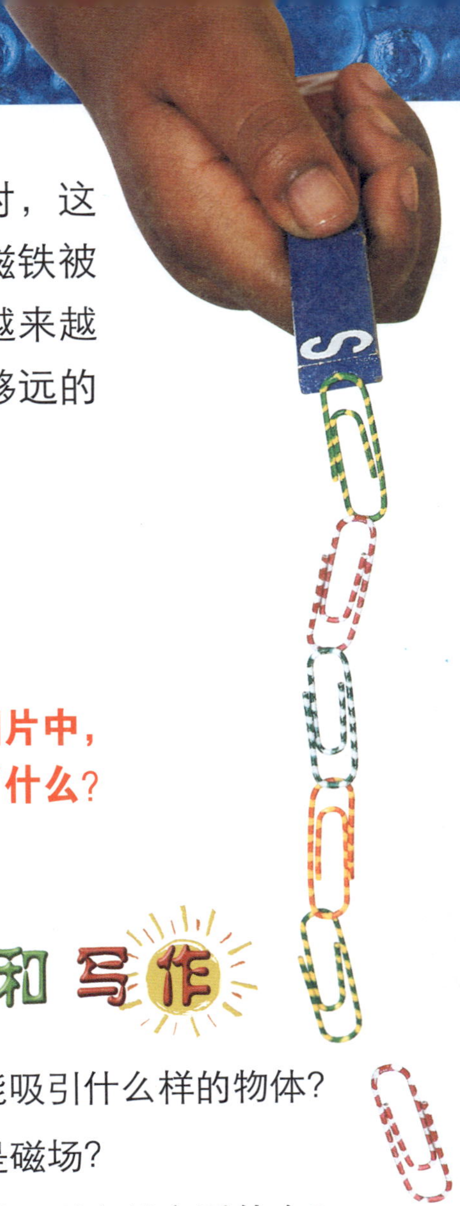

在这几张图片中，磁力穿透了什么？

思考和写作

1. 磁铁能吸引什么样的物体？
2. 什么是磁场？
3. 说一说，磁力能穿透什么？

拓展阅读 阅读《磁力和磁铁》。

LESSON 第6课

日常生活中的磁铁

准备

观察一下这张图片。想一想，这几种磁铁的用途是什么呢？它们是如何起作用的呢？如果你能制造自己的磁铁，那么你会用它做什么呢？

探究技能

当你与别人分享你的观点时，你就是在**交流**(**communicate**)。

探索活动

怎样制造一块磁铁？

活动步骤

1 将铁钉放在磁铁上沿同一个方向摩擦。反复操作50次或50次以上。（小心！铁钉非常尖锐。）

2 你的铁钉能够吸起多少枚回形针呢？**交流**一下你所观察到的现象。

3 你的铁钉还能吸起什么？列出它们的名称。

4 进一步探究 将铁钉摩擦20次。想一想，你的钉子能吸起多少枚回形针呢？**交流**一下你所观察到的现象。

材料

铁钉

条形磁铁

回形针

在日常生活中，我们是如何利用磁铁的？

你可以用一块磁铁将物体吸起来或者聚拢起来。在家里，磁铁能使碗橱的门关上。磁铁还能揭开一个铁罐的盖子。

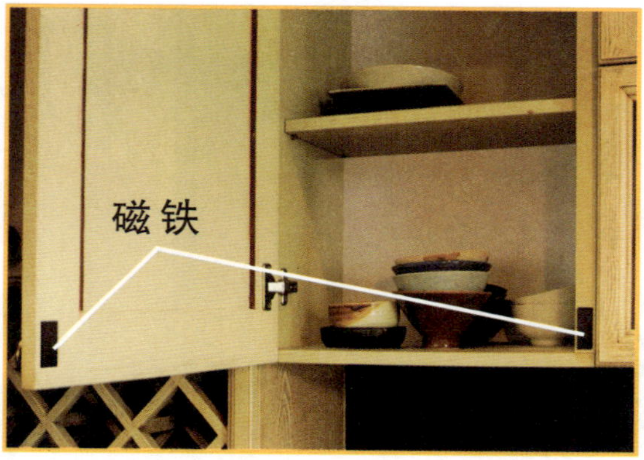

碗橱的门

铁罐启子

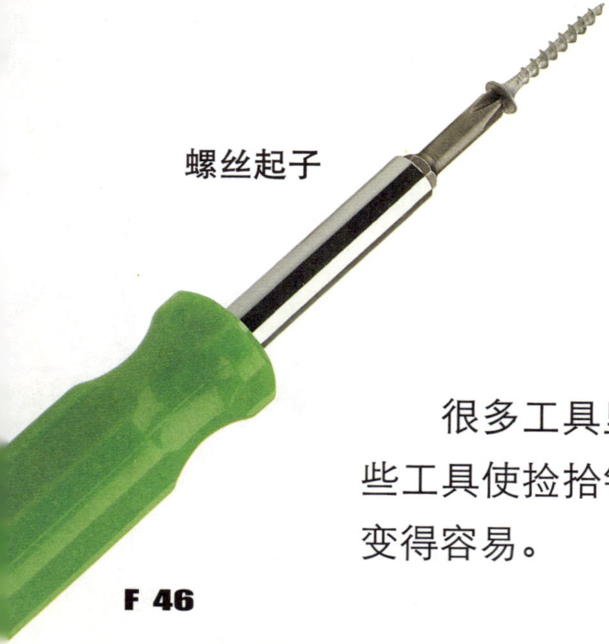

螺丝起子

很多工具里都含有磁铁。这些工具使捡拾钉子、螺丝和螺栓变得容易。

有些特制的磁铁还能帮助人们处理繁重的工作。这块巨大的磁铁能将很重的废旧铁质品从垃圾堆中吸出来。

人们是如何使用这些磁铁的？

地球和磁铁的相同点是什么？

你知道吗？地球就是一个巨大的磁铁，它有一个北极和一个南极。地球的磁场扩展到了太空中。像所有的磁铁一样，地球两极的磁力最强。

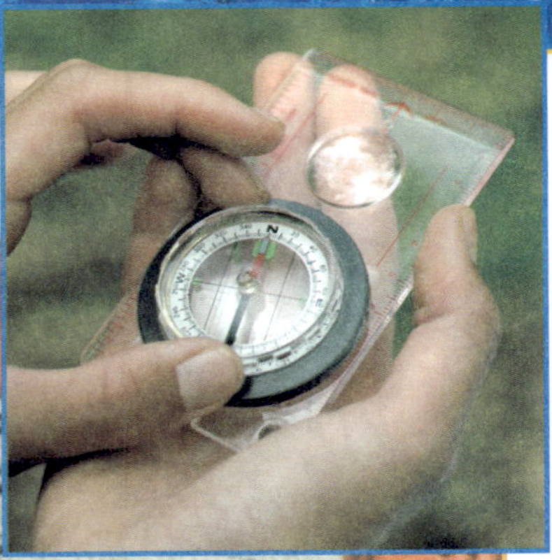

人们利用地球磁场帮助自己辨认方向。**罗盘(compass)**是一种磁针总是指向地球北极的工具。只要有罗盘，你就能辨认出方向。

罗盘指针总是指向哪里呢？

思考和写作

1. 我们使用磁铁的方式有哪些？
2. 地球的哪个位置磁场最强？
3. 什么是罗盘？

家庭活动 在家里找一找磁铁，并将它们一一列出来。说一说它们的用处。

数学

链·接

适合于学校或家庭

测试磁铁的磁力

有些磁铁的磁力比其他磁铁的强。请对它们的磁力强弱进行比较。每块磁铁能吸引多少个物体呢？

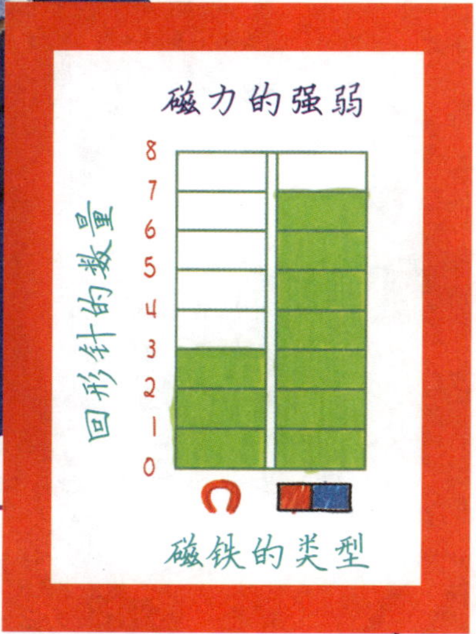

试一试！

在不同的磁铁上悬挂回形针，直到不能再悬挂为止。数一数每种磁铁能悬挂的回形针有多少枚。将这些数字记在一个柱状图中。

社会研究

链·接

适合于学校或家庭

制作你自己的罗盘

很多人用罗盘帮助自己认路，你也能做到。

试一试！

请大人协助你一起制作一块磁铁，就像《探索活动》中做的那样。将一枚弄直的大回形针进行磁化。再将磁化的回形针插入一个泡沫球或一只软木塞中，使它漂浮在一大碗水中。等到它静止不动时，看一看，哪边是北方呢？

本章回顾

词汇

吸引　F38
磁极　F40
排斥　F41
磁场　F42
罗盘　F49

为1~5项各选一个词，每个词只能选一次。

1 磁铁上磁性最强的部分是它的________。

2 在磁铁周围有磁力作用的空间叫做________。

3 两块磁铁的异性磁极间发生相互吸引的作用，即________。

4 两块磁铁的同性磁极相互________。

5 磁针总是指向地球北极的一种工具是________。

科学思维

6 磁铁能吸起下面哪个物体？

A

B

C

探究技能：调查

7 找出下面哪种磁铁吸起的铁屑最多。制定一个计划，并利用你所需的材料进行实验，找出答案。

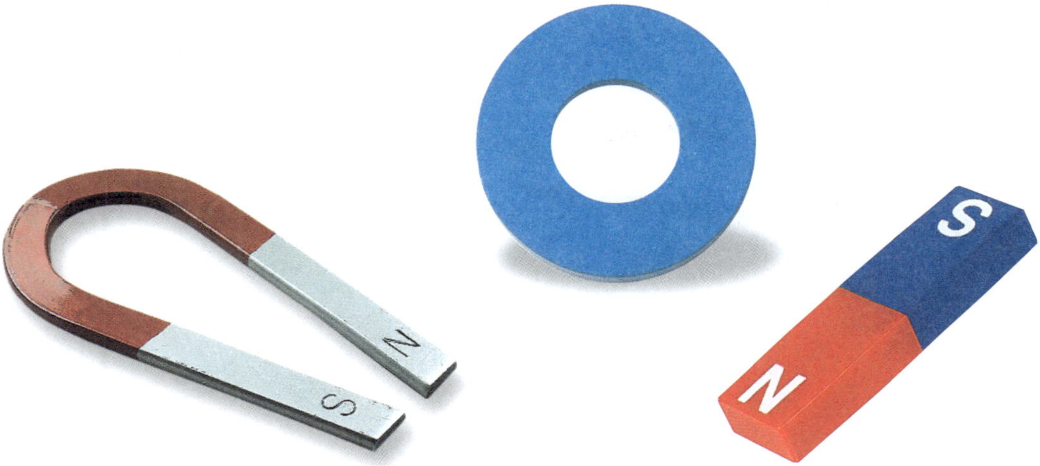

阅读：

《乘坐磁悬浮列车》。

你想过吗？

探究技能 在你的家里找一找磁铁。哪块磁铁的磁性最强？哪块磁铁的磁性最弱？对这些磁铁进行**排序(in order)**。

运动中的力

选择你喜欢的一项运动。将你或你的朋友做这种运动的情景画下来。写一写或者说一说，当你运动时，你是如何用到以下各种力的？

- 推力或拉力
- 重力
- 摩擦力

寻找磁铁

在你的学校或家里，找一找磁铁。选择一块磁铁，作一下介绍。这块磁铁有什么用处？它能吸引什么物品？它的磁力有多大？你能用什么方法测量出来？

探究技能培养1

观察

当你运用你的感官了解某些事物时，你就是在**观察**。你的感官能告诉你物体的形状、声音、触觉、气味或者味道。

材料

铅笔

蜡笔

纸

活动步骤

1. **观察**一下“科学中心”的物体。它看起来是什么样子的？摸一摸呢？闻一闻呢？听一听呢？
2. 将它画下来或写下来。
3. 对你的朋友说一说，你的哪个感官对你的帮助最大？

探究技能培养 2

测量

当你想弄清楚物体的长度、运动速度或者温度时，你就需要**测量**。你用数字记下答案。

活动步骤

1. 在一只杯子中装满热水，在另一只杯子中装满冷水。
2. 在每只杯子中插入一支温度计。2分钟后，**测量**一下各杯水的温度。
3. 将你测量出的温度与一个同伴的进行比较。你们得到了相同的数值吗？如果没有，再测量一次。

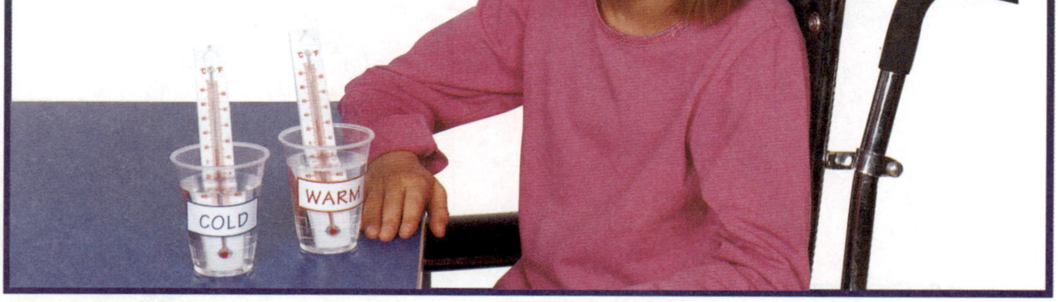

材料

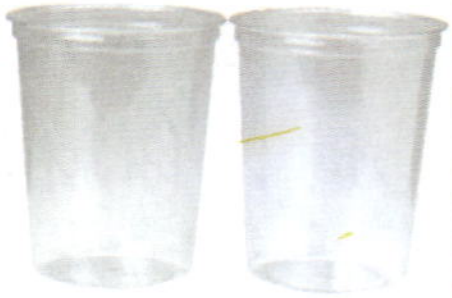

热水、冷水各一杯

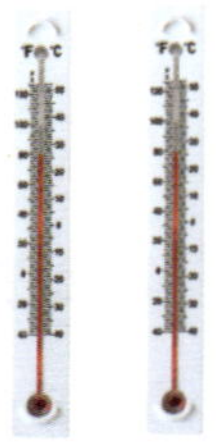

2支温度计

比较

当你说出物体的相同点和不同点时，你就是在比较。

材料

纸

铅笔

活动步骤

1. 比较图中这两个人。
2. 列出他们的3个相同点和3个不同点。
3. 选一种动物进行比较。动物和人有什么不同呢？

分类

当你通过分组来表示物体的相同点时，你就是在分类。

材料

纸

铅笔

活动步骤

1. 观察一下图片中的这些豆子。
2. 根据大小对这些豆子进行分类。大的有多少个？小的又有多少个？
3. 找一找给豆子分类的其他方法。

建立模型

当你通过制作某种东西表示一个地方或者一个物体时，你就是在建立模型。一个模型能够帮助你了解一个地方看起来是怎样的或者一个物体是如何工作的。

材料

纸

蜡笔

剪刀

图钉

活动步骤

1. 制作一个手表模型，其中包含数字和指针。（小心！剪刀非常尖锐。）
2. 说一说，从这个模型中，你能了解到一块真表的什么信息？
3. 说一说，一块真表和这个模型有什么不同点？

交流

当你通过说话、写作或者绘画来表达你的观点时，你就是在交流。

材料

纸

铅笔

活动步骤

1 回想一下你最喜爱的食品。

2 将它描写一下，并画下来。

3 与你的朋友交流一下你最喜爱的食品。让你的朋友说出你描述的食品的名称。

推理

当你运用已有的知识得出新的结论时，你就是在**推理**。

材料

纸

铅笔

活动步骤

1. 分别观察一下这两张图片，将你观察到的事物记下来。
2. 用你已有的知识**推理**出哪个地方更热。
3. 写一篇小故事，说明一下这两个地方的人是如何玩耍的？

排序

当你说出先发生什么，接着发生什么，最后发生什么时，你就是在排序。

活动步骤

1 回想一下今天早晨你做过的所有事情。

2 在一张纸上，将这些事情按顺序写出来。

3 将你做其中一件事情的情景画下来。

材料

铅笔

蜡笔

纸

预测

当你运用你已有的知识判断将会发生什么时，你就是在预测。

“我饿了。”劳拉说。

“我也是。”杰克说。

“要是我有一些点心该多好啊。”劳拉说。

“我就只有这些葡萄了。”杰克说。

材料

蜡笔

纸

活动步骤

1. 阅读一下上面的故事。
2. 预测下一步将会发生什么。
3. 画一幅画来表示你预测的场景。

探究

当你制定一个计划并进行实验时，你就是在**探究**。

活动步骤

1 用黏土和铅笔搭一个架子。

2 你的架子可以承受多少个积木呢？探究一下，找出答案。再制定一个计划进行实验。

3 让你的同伴实验你的计划。你的同伴使用了多少个积木呢？你也会用到同样多的积木吗？

材料

铅笔

黏土

积木

得出结论

当你运用观察到的结果解释已发生的现象时，你就是在**得出结论**。

材料

蜡笔

纸

活动步骤

1. 观察这张图片。想一想，这个小女孩到了哪里？你认为她在做什么呢？
2. **得出一个结论**，并画一幅画表示出来。
3. 向你的朋友解释你的结论。你的朋友赞同你的观点吗？为什么？

译者后记

美国基础教育的各门课程都由各州制定课程标准，唯有科学这门学科的课程标准是国家统一的。在美国《国家科学教育标准》的前言《行动的号角》中有这样一段话：

“我们这个国家已经把所有的学生都具有良好的科学素养作为自己的一个既定目标。”

“我们大家，无论作为个人还是作为社会，同科学素养都是利害攸关的。懂科学，你才有可能领略到你在领悟自然界的事理时油然而生的充实之感和兴奋之情。”

“有良好的科学素养，你才有可能运用科学的原理和方法去做个人的各种决策，去参加讨论关乎全社会的各种科学问题。”

“有很扎实的科学基础可以强化人们日常所用的许多能力，诸如创造性地解决问题的能力、运用判断进行思维的能力、在集体中协同工作的能力、有效地运用技术的能力、懂得活到老学到老的价值等等。”

“我们社会的经济生产率与我们的劳动大军的科学本领和技术能力是密不可分的。”

“科学教育采用的教学新方法必须能反映科学本身的实际做法，强调把科学探究作为获取知识和认识世界的一种方法。”

“这部标准所着眼的是这样一种未来：每个美国人都深谙基本的科学观念和基本的科学方法，因而都能生活得较为充实，工作得较为高效。这是为美国描绘出的一幅充满巨大希望和乐观主义精神的图景， 一幅可以作为我们社会的一种巨大凝聚力的图景。”

这几段话值得我们每个人深思。

我们翻译的这套丛书，正是由美国科学家、教育家共同编撰，由麦克米伦公司出版的美国小学科学教材。它内容丰富、图文并茂，表达方式生动有趣，特别重视科学探究活动的设计，是“行动的号角”的具体体现。

我们相信，这套丛书作为中国小学生《科学》教材的补充和扩展，将会带给中国孩子对科学的无限热爱，带给他们“创造性地解决问题的能力”和“运用判断进行思维的能力”，带给他们良好的科学素养和“充满巨大希望”的美好的未来。

我们希望，这套丛书所体现的现代教育理念不仅对学习科学，而且对小学生学习任何一门课程都会有极大的好处。

为了便于小学生阅读，我们将6本教材根据科学内容分成了18本，书目中的1、2、3、4、5、6对应小学的6个年级。稍有遗憾的是，书中涉及的科学网站和课外读物还没有中文的译本，只能请家长和科学教师帮助小学生寻找中文科普网站和科学读物替代。

感谢李劲、李伟、张先锋、江明喜、徐世球、王叶红、唐兆子、徐明、何维真、沈斌、王阅春等各学科专家为丛书审稿；感谢黄海旺、章鼎儿、路培琦、李子平、武红、卢新祁、韩绪金、黎小抗、彭香、娄立新、姚晓春、郎盛新、马学军等小学科学教育专家和小学科学教师担任本丛书的编委并给予指导，还要感谢汪忠、孙望安等领导同志和樊英女士对翻译出版这套丛书的关心与支持。

姜允珍

2009年12月

科学启蒙版权声明

科学启蒙　物质科学②

Lucy H.Daniel, Jay Hackett, Richard H.Moyer, JoAnne Vasquez

Macmillan/McGraw-Hill Science Grade 2

ISBN 0-02-281212-1

浙江省版权局著作权合同登记号：11-2009-79

图片版权说明

本册使用的图片，如无特别说明，均由美国麦克米兰／麦格劳-希尔教育图书公司（MMH）免费提供。其他图片由君红阅读（北京）出版咨询有限公司 (Junhong) 提供，仅供本书中文简体字版使用。图片版权说明如下：

Cover:Stockxpert Image/Jupiter; I: Stockxpert Image/Jupiter; III: Photos.com Image/Jupiter; V: l., Stockxpert Image/Jupiter; r. Photos.com Image/Jupiter; VI: l., r. Stockxpert Image/Jupiter; VII: l., r. Stockxpert Image/Jupiter; VIII: l., r. Stockxpert Image/Jupiter, XV: cr. Stockxpert Image/Jupiter; tr. BananaStock/Jupiter; XVI: tl., bc., bl. Stockxpert Image/Jupiter; tr. BananaStock/Jupiter; S0, S1, S2: Stockxpert Image/Jupiter; S3: Photos.com Image/Jupiter; S4–5: Stockxpert Image/Jupiter; S6: tl., tr., b Brand X Pictures/Jupiter; S7: Stockxpert Image/Jupiter; S8: l., c. Stockxpert Image/Jupiter; r. Brand X Pictures/Jupiter; S9: l., r. Brand X Pictures/Jupiter; S10–11: Stockxpert Image/Jupiter; S12: Comstock Images/Jupiter; S13: l., tr. Photos.com Image/Jupiter; c., b. Stockxpert Image/Jupiter; S14–15, S16: Stockxpert Image/Jupiter; E0, E1, E2–3, E4–5, E8–9, E10, E16–17: t., b. Stockxpert Image/Jupiter; E22: t. Goodshoot Image/Jupiter; c. Stockxpert Image/Jupiter; E28–29: Stockxpert Image/Jupiter; E30–31: 张成静；E34: Creatas Images Image/Jupiter; E34–35: Stockxpert Image/Jupiter; E35: Stockxpert Image/Jupiter; E36, E38, E38–39: Stockxpert Image/Jupiter; E39: t. Thinkstock Images/Jupiter; b. 张成静；E40: inset, E40–41, Stockxpert Image/Jupiter; E41: t. Photos.com Image/Jupiter; b. Stockxpert Image/Jupiter; E42–43: Stockxpert Image/Jupiter; E44–45: Comstock Images/Jupiter; E46: t., b. Stockxpert Image/Jupiter; E47, E48–49: Stockxpert Image/Jupiter; E50: Photos.com Image/Jupiter; E54–55: Herral Long; F0, F1, F2–3, Stockxpert Image/Jupiter; F6: Thinkstock Images Image/Jupiter; F6–7: Thinkstock Images Image/Jupiter; F7: AbleStock.com Image/Jupiter; F8: t., b. 张成静；F9: r. Stockxpert Image/Jupiter; F10–11, F13: r. and inset Stockxpert Image/Jupiter; F14: l., r., F16–17, F22, F23, F24–25: Stockxpert Image/Jupiter; F28: l. AbleStock.com Image/Jupiter; r. Stockxpert Image/Jupiter; F29: l. Brand X Pictures Image/Jupiter; r. AbleStock.com Image/Jupiter; F31: Creatas Images Image/Jupiter; F32: c. AbleStock.com Image/Jupiter; r. Stockxpert Image/Jupiter; F33: l., c. Stockxpert Image/Jupiter; F34–35: Stockxpert Image/Jupiter; F46: l. 张成静；F47, F48–49: Stockxpert Image/Jupiter; F49: Thinkstock Images Image/Jupiter; R7, l., r. Stockxpert Image/Jupiter.

特别说明：本册E54–55使用的图片未能联络到原摄影者，请摄影者或有关人士见书后与浙江教育出版社联系。

图书在版编目（CIP）数据

科学启蒙．物质科学．2/（美）丹尼尔（L.H.Daniel）等著；万学，姜允珍等译．—杭州：浙江教育出版社，2009.12（2012.5重印）

ISBN 978-7-5338-8383-6

I．科… II．①丹…②万…③姜… III．①科学知识—少年读物 ②物质—少年读物 IV．Z228.1 04-49

中国版本图书馆CIP数据核字（2009）第204095号

科学启蒙 物质科学②

出版发行 浙江教育出版社（杭州天目山路40号 邮编 310013）
原著名 SCIENCE
原出版 McGraw-Hill Education Macmillan
翻　译 万 学 姜允珍等
本册审稿 徐 明 何维真
审　定 刘沛生 姜允珍
总责编 邱连根
责任编辑 屠凌云
封面设计 曾国兴
责任校对 郑德文
责任印务 温劲风
图文制作 君红阅读（北京）出版咨询有限公司

印　刷 杭州富春印务有限公司
开　本 787×960 1/16
印　张 10
字　数 200 000
版　次 2009年12月第1版
印　次 2012年5月第5次印刷
印　数 28 001-30 500
标准书号 ISBN 978-7-5338-8383-6
定　价 22.00元

联系电话：0571-85170300-80928
e-mail：zjjy@zjcb.com
网 址：www.zjeph.com